技工院校工学一体化技能人才培养模式
数控加工专业教材

零件普通车床加工
学习任务集

崔兆华◎主编

中国劳动社会保障出版社

简介

本书的主要内容包括：齿轮轴坯普通车床加工、电动机轴普通车床加工、减速器输出轴普通车床加工、前顶尖普通车床加工、固定顶尖普通车床加工、球头轴普通车床加工、锥端轴普通车床加工、轴承套普通车床加工、垫套普通车床加工、端套普通车床加工、衬套普通车床加工、心轴普通车床加工、球头手柄普通车床加工、止端套普通车床加工、中间齿轮套普通车床加工、双线螺纹轴普通车床加工、梯形螺纹轴普通车床加工、梯形螺纹套普通车床加工、锥度梯形螺纹轴普通车床加工、锥面配合件普通车床加工等。

本书由崔兆华任主编，王蕾、刘斌、吕德兴、崔人凤、邵明玲参加编写，闫玉玲任主审。

图书在版编目（CIP）数据

零件普通车床加工学习任务集 / 崔兆华主编 .
北京 : 中国劳动社会保障出版社，2024. --（技工院校工学一体化技能人才培养模式数控加工专业教材）.
ISBN 978-7-5167-6497-8

Ⅰ. TG510.6

中国国家版本馆 CIP 数据核字第 2024E0T607 号

中国劳动社会保障出版社出版发行
（北京市惠新东街 1 号　邮政编码：100029）
*
保定市中画美凯印刷有限公司印刷装订　　新华书店经销
880 毫米 ×1230 毫米　16 开本　7.25 印张　175 千字
2024 年 11 月第 1 版　　2024 年 11 月第 1 次印刷
定价：22.00 元

营销中心电话：400-606-6496
出版社网址：https://www.class.com.cn
https://jg.class.com.cn

目　录

学习任务1 齿轮轴坯普通车床加工

一、工作情境描述

某企业接到一批齿轮轴坯（图 1–1）零件的加工订单，数量为 100 件，材料为 45 钢，毛坯为 ϕ 35 mm × 60 mm 棒料，工期为 5 天，来料加工。现生产部门安排车工组完成此零件的车削加工。

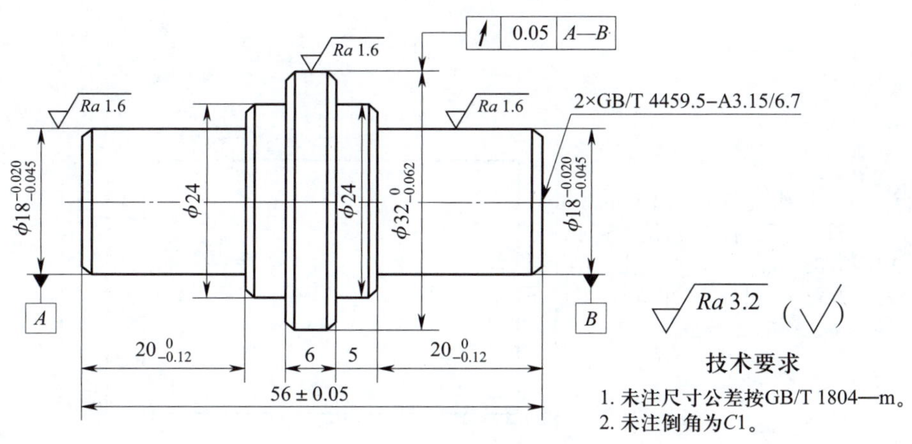

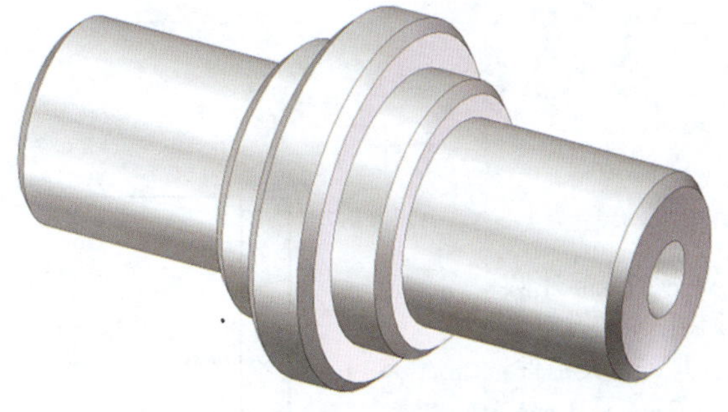

图 1–1 齿轮轴坯

二、加工工艺过程

齿轮轴坯普通车床加工工艺过程见表 1–1。

表 1–1　　齿轮轴坯普通车床加工工艺过程

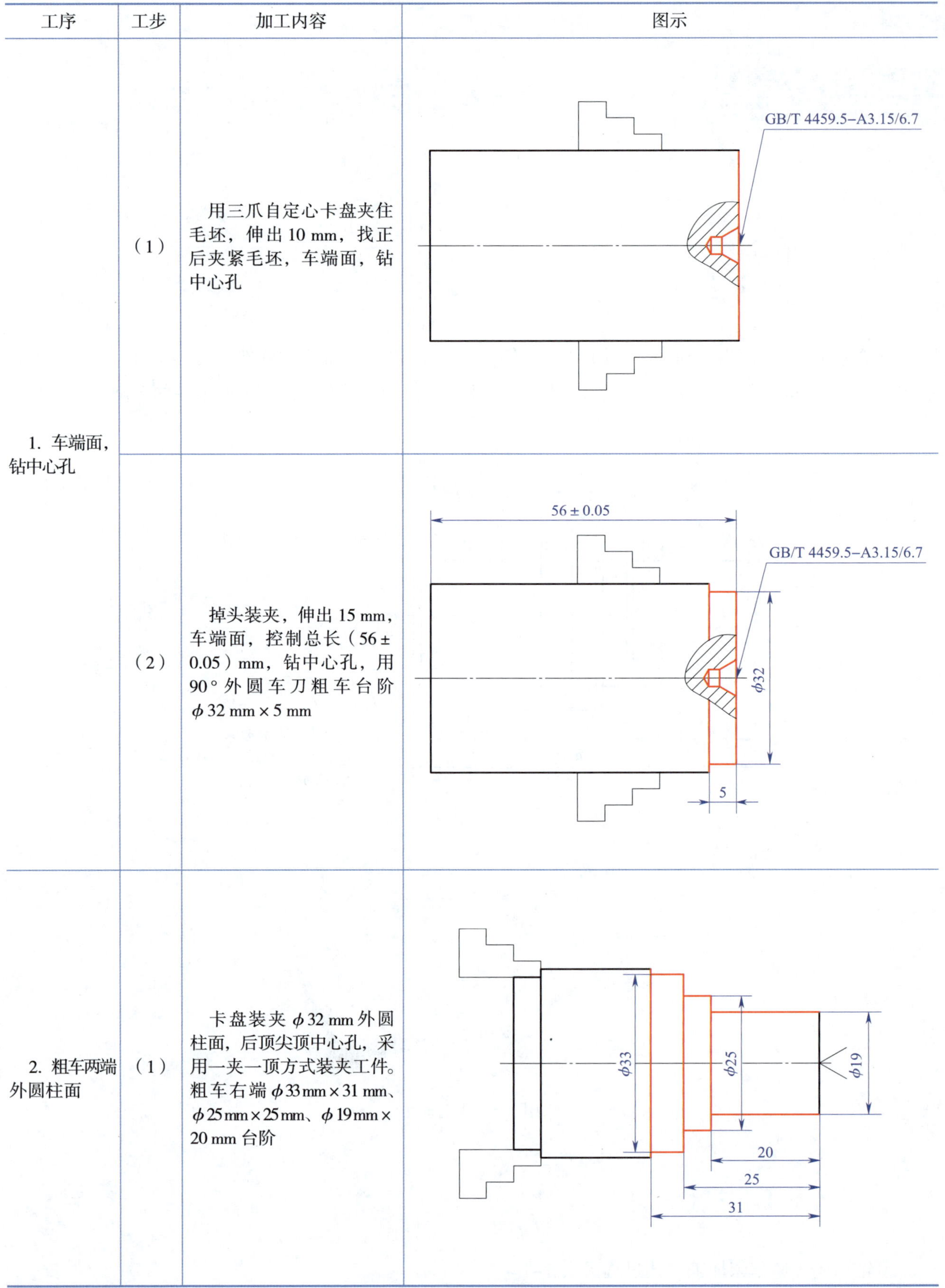

工序	工步	加工内容	图示
1. 车端面，钻中心孔	（1）	用三爪自定心卡盘夹住毛坯，伸出 10 mm，找正后夹紧毛坯，车端面，钻中心孔	
	（2）	掉头装夹，伸出 15 mm，车端面，控制总长（56 ± 0.05）mm，钻中心孔，用 90° 外圆车刀粗车台阶 ϕ32 mm × 5 mm	
2. 粗车两端外圆柱面	（1）	卡盘装夹 ϕ32 mm 外圆柱面，后顶尖顶中心孔，采用一夹一顶方式装夹工件。粗车右端 ϕ33 mm × 31 mm、ϕ25 mm × 25 mm、ϕ19 mm × 20 mm 台阶	

续表

<table>
<tr><th>工序</th><th>工步</th><th>加工内容</th><th>图示</th></tr>
<tr><td>2. 粗车两端外圆柱面</td><td>（2）</td><td>工件掉头，卡盘装夹 ϕ19 mm 外圆柱面，后顶尖顶中心孔，采用一夹一顶方式装夹工件。粗车 ϕ25 mm×25 mm、ϕ19 mm×20 mm 台阶</td><td>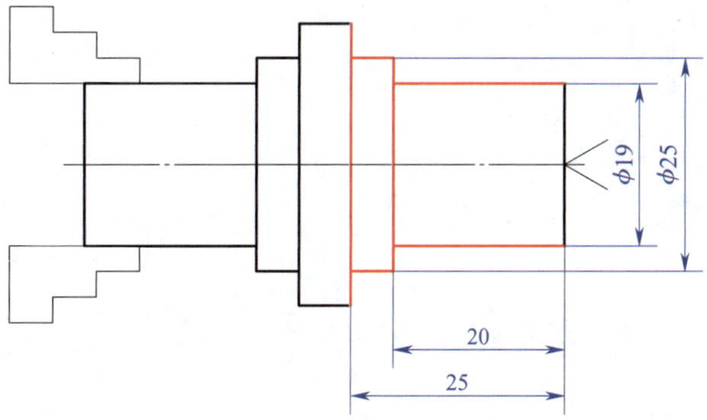
</td></tr>
<tr><td rowspan="3">3. 精车两端外圆柱面</td><td>（1）</td><td>采用两顶尖装夹，前顶尖配鸡心夹头，精车齿轮轴坯右端三处台阶至图样尺寸要求</td><td>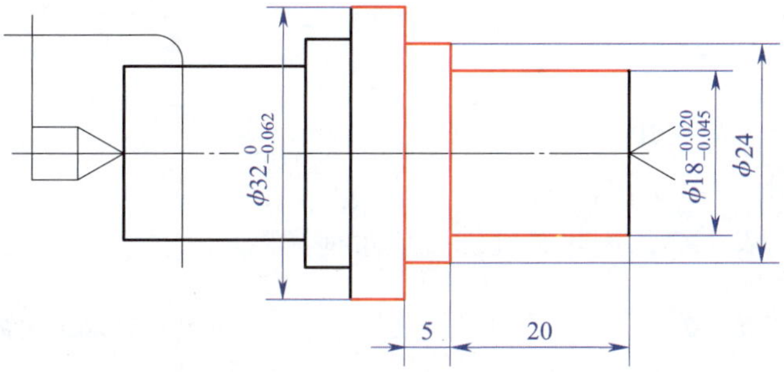
</td></tr>
<tr><td>（2）</td><td>用 45° 车刀，车三处 C1 mm 倒角</td><td>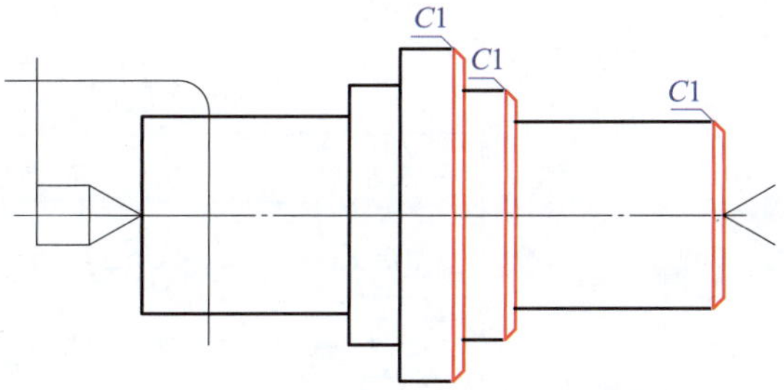
</td></tr>
<tr><td>（3）</td><td>工件掉头，仍采用两顶尖装夹，精车齿轮轴坯另一端外圆柱面至图样尺寸要求</td><td>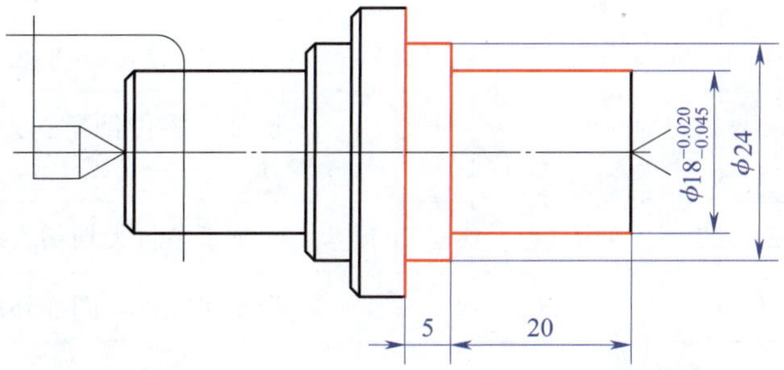
</td></tr>
</table>

续表

工序	工步	加工内容	图示
3. 精车两端外圆柱面	（4）	用 45° 车刀，车三处 $C1$ mm 倒角	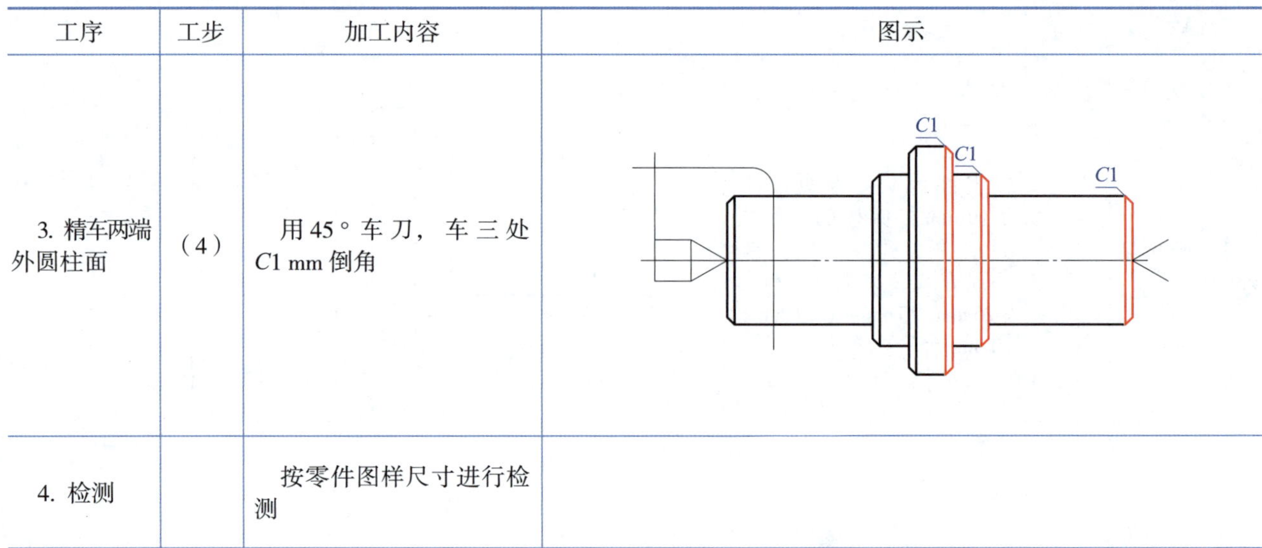
4. 检测		按零件图样尺寸进行检测	

三、加工质量检测

表 1–2 为齿轮轴坯加工质量检测表。

表 1–2　　齿轮轴坯加工质量检测表

序号	考核项目	配分	考核内容及要求	评分标准	检测结果	得分
1	主要尺寸（58 分）	2×8	$\phi 18^{-0.020}_{-0.045}$ mm（2 处）	超差不得分		
2		10	$\phi 32^{0}_{-0.062}$ mm	超差不得分		
3		10	↗ 0.05 A—B	超差不得分		
4		2×6	$20^{0}_{-0.12}$ mm（2 处）	超差不得分		
5		10	（56±0.05）mm	超差不得分		
6	次要尺寸（16 分）	2×4	$\phi 24$ mm（2 处）	超差不得分		
7		4	6 mm	超差不得分		
8		4	5 mm	超差不得分		
9	表面粗糙度（14 分）	2×3	$Ra1.6$ μm（3 处）	降级不得分		
10		8×1	$Ra3.2$ μm（8 处）	降级不得分		
11	主观评分（9 分）	3	已加工零件倒角、去毛刺符合图样要求，否则不得分			
12		3	已加工零件无划伤、碰伤和夹伤，否则不得分			
13		3	已加工零件与图样外形一致，否则不得分			
14	更换或添加毛坯（3 分）	3	更换或添加毛坯不得分			

续表

序号	考核项目	配分	考核内容及要求	评分标准	检测结果	得分
15	职业素养		能正确穿戴工作服、工作鞋、安全帽和防护眼镜等个人防护用品。每违反一项，扣 2 分			
16			能规范使用设备、工具、量具和辅具。每违反操作规范一次，扣 2 分			
17			能做好设备清洁、保养工作。不清洁或不保养，扣 3 分；清洁或保养不彻底，扣 2 分			
总配分		100	总得分			

学习任务2 电动机轴普通车床加工

一、工作情境描述

某企业接到一批电动机轴（图 2–1）零件的加工订单，数量为500件，材料为45钢，毛坯为 ϕ70 mm × 197 mm 棒料，工期为 10 天，来料加工。现生产部门安排车工组完成此零件的车削加工。

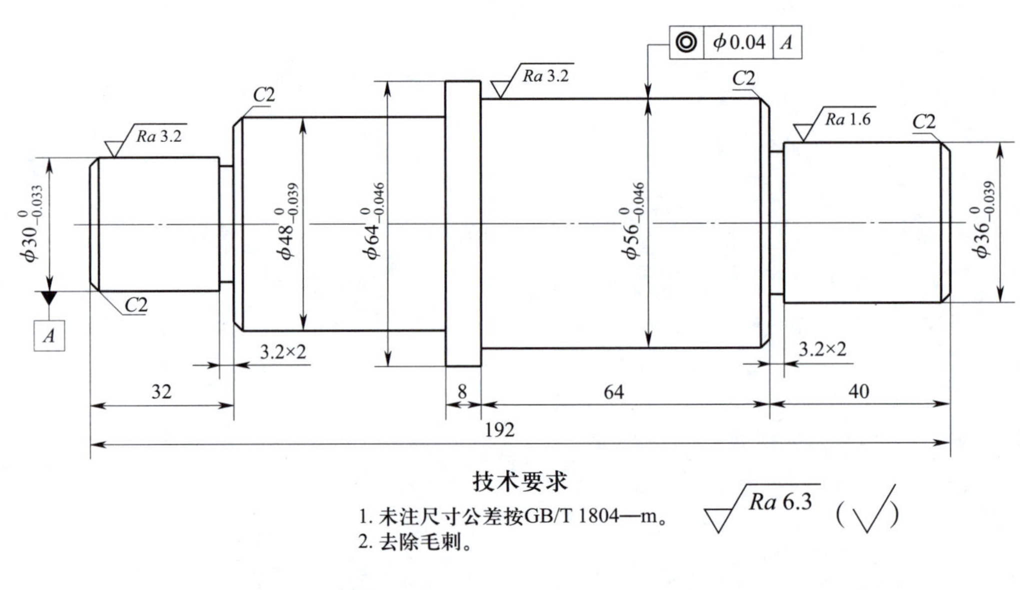

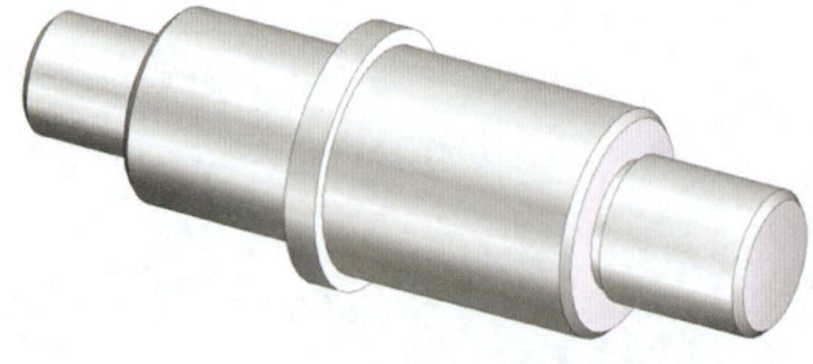

图 2–1 电动机轴

二、加工工艺过程

电动机轴普通车床加工工艺过程见表 2–1。

表 2-1　　电动机轴普通车床加工工艺过程

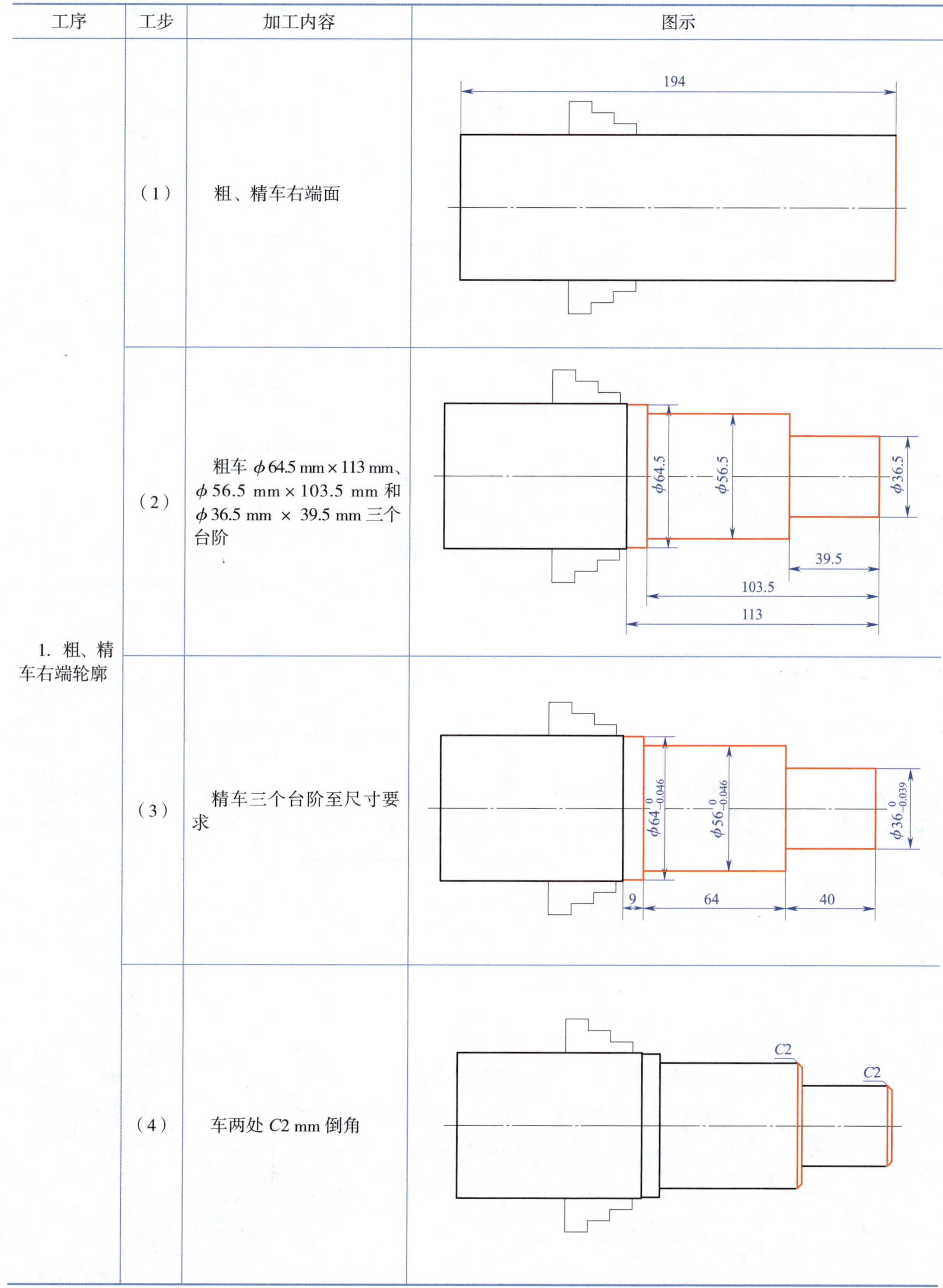

工序	工步	加工内容	图示
1. 粗、精车右端轮廓	（1）	粗、精车右端面	
	（2）	粗车 φ64.5 mm × 113 mm、φ56.5 mm × 103.5 mm 和 φ36.5 mm × 39.5 mm 三个台阶	
	（3）	精车三个台阶至尺寸要求	
	（4）	车两处 *C*2 mm 倒角	

续表

工序	工步	加工内容	图示
1. 粗、精车右端轮廓	（5）	车 3.2 mm × 2 mm 槽	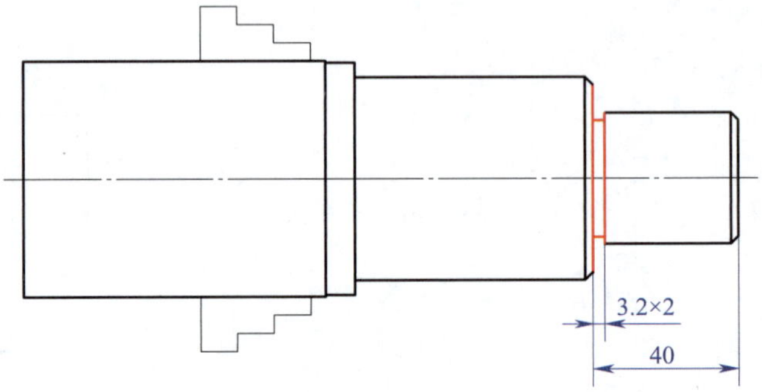 3.2×2 40
2. 粗、精车左端轮廓	（1）	粗、精车左端面，控制总长	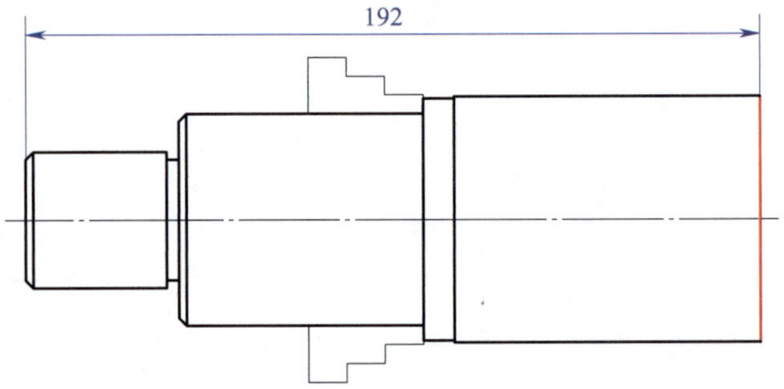 192
	（2）	粗车 ϕ48.5 mm × 79.5 mm、ϕ30.5 mm × 31.5 mm 两个台阶	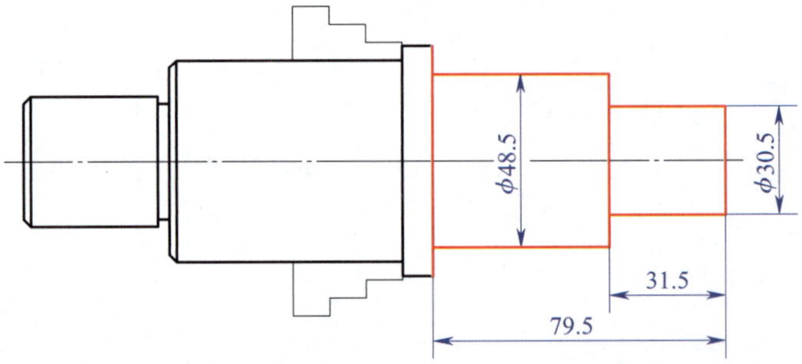 ϕ48.5 ϕ30.5 31.5 79.5
	（3）	精车两个台阶至尺寸要求	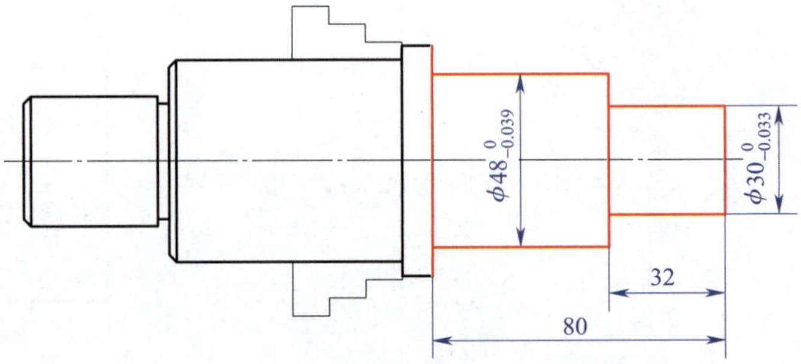 $\phi48^{0}_{-0.039}$ $\phi30^{0}_{-0.033}$ 32 80

续表

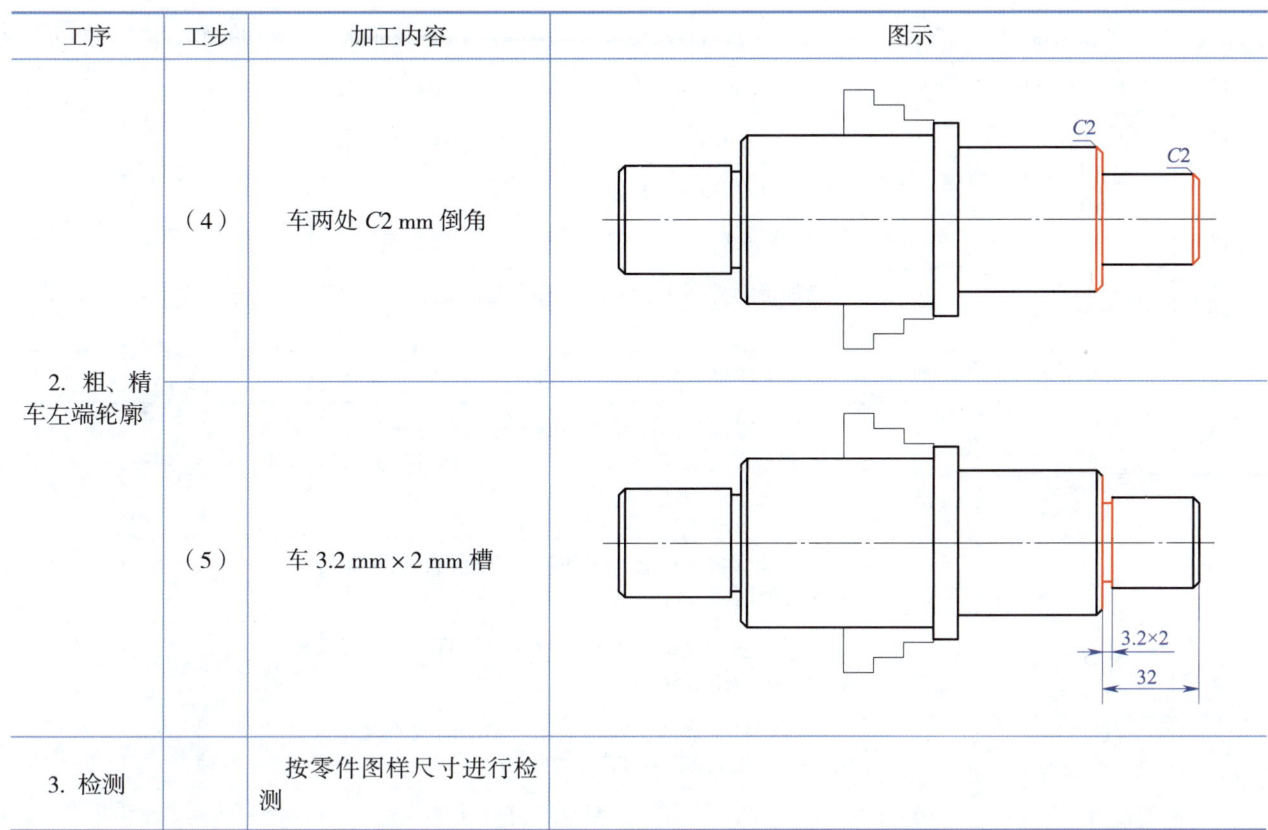

工序	工步	加工内容	图示
2. 粗、精车左端轮廓	（4）	车两处 $C2$ mm 倒角	C2　C2
	（5）	车 3.2 mm × 2 mm 槽	3.2×2　32
3. 检测		按零件图样尺寸进行检测	

三、加工质量检测

表 2–2 为电动机轴加工质量检测表。

表 2–2　　电动机轴加工质量检测表

序号	考核项目	配分	考核内容及要求	评分标准	检测结果	得分
1	主要尺寸（48 分）	8	$\phi 30^{0}_{-0.033}$ mm	超差不得分		
2		8	$\phi 36^{0}_{-0.039}$ mm	超差不得分		
3		8	$\phi 48^{0}_{-0.039}$ mm	超差不得分		
4		8	$\phi 56^{0}_{-0.046}$ mm	超差不得分		
5		8	$\phi 64^{0}_{-0.046}$ mm	超差不得分		
6		8	◎ ϕ0.04 A	超差不得分		
7	次要尺寸（22 分）	4	32 mm	超差不得分		
8		4	8 mm	超差不得分		
9		4	64 mm	超差不得分		
10		4	40 mm	超差不得分		
11		6	192 mm	超差不得分		

续表

序号	考核项目	配分	考核内容及要求	评分标准	检测结果	得分
12	槽（8分）	2×4	3.2 mm×2 mm（2处）	超差不得分		
13	表面粗糙度（10分）	2	Ra1.6 μm	降级不得分		
14		2×1	Ra3.2 μm（2处）	降级不得分		
15		12×0.5	Ra6.3 μm（12处）	降级不得分		
16	主观评分（9分）	3	已加工零件倒角、去毛刺符合图样要求，否则不得分			
17		3	已加工零件无划伤、碰伤和夹伤，否则不得分			
18		3	已加工零件与图样外形一致，否则不得分			
19	更换或添加毛坯（3分）	3	更换或添加毛坯不得分			
20	职业素养		能正确穿戴工作服、工作鞋、安全帽和防护眼镜等个人防护用品。每违反一项，扣2分			
21			能规范使用设备、工具、量具和辅具。每违反操作规范一次，扣2分			
22			能做好设备清洁、保养工作。不清洁或不保养，扣3分；清洁或保养不彻底，扣2分			
总配分		100	总得分			

学习任务 3　减速器输出轴普通车床加工

一、工作情境描述

某企业接到一批减速器输出轴（图 3-1）零件的加工订单，数量为 50 件，材料为 45 钢，毛坯为 ϕ40 mm × 142 mm 棒料，工期为 5 天，来料加工。现生产部门安排车工组完成此零件的车削加工。

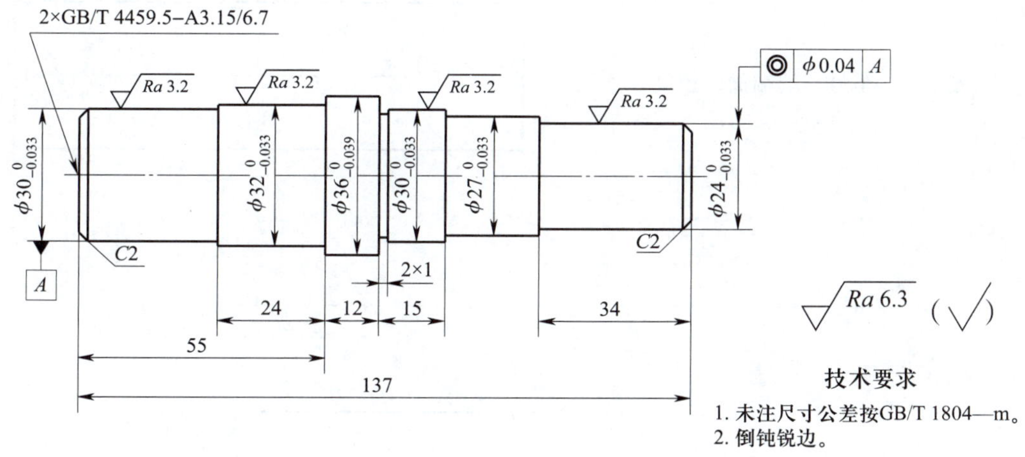

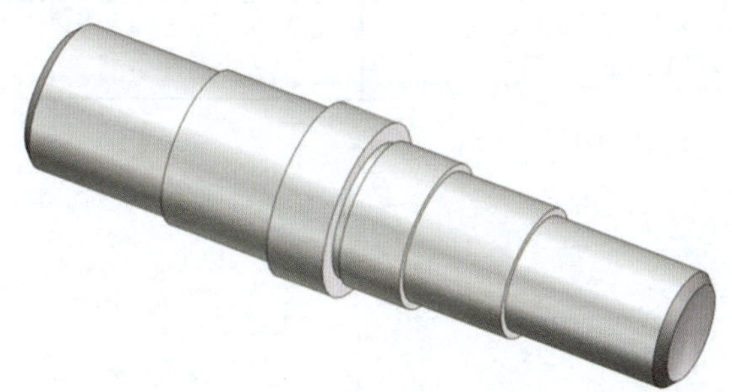

图 3-1　减速器输出轴

二、加工工艺过程

减速器输出轴普通车床加工工艺过程见表 3-1。

表 3-1　　减速器输出轴普通车床加工工艺过程

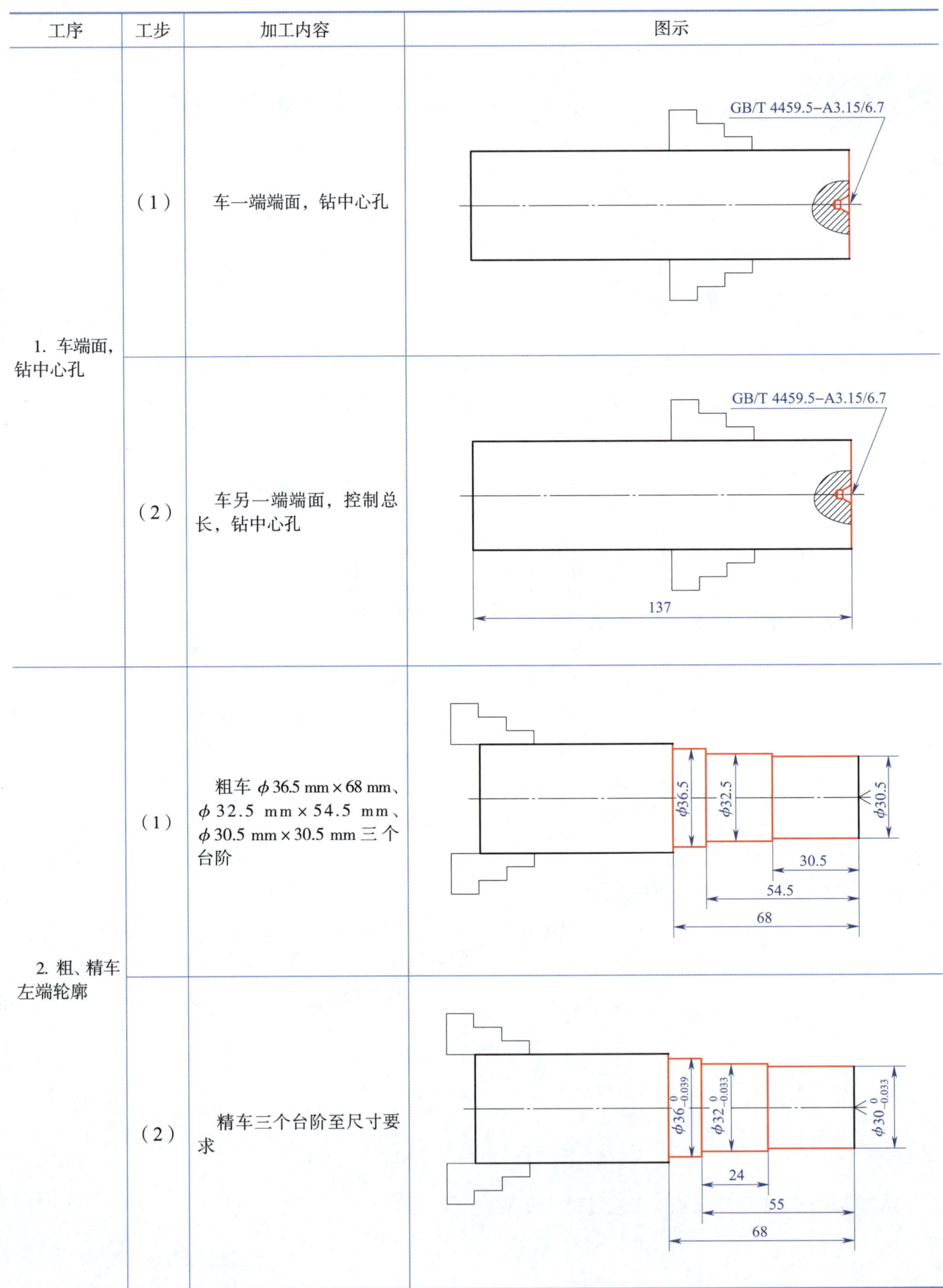

工序	工步	加工内容	图示
1. 车端面，钻中心孔	（1）	车一端端面，钻中心孔	
	（2）	车另一端端面，控制总长，钻中心孔	
2. 粗、精车左端轮廓	（1）	粗车 ϕ36.5 mm×68 mm、ϕ32.5 mm×54.5 mm、ϕ30.5 mm×30.5 mm 三个台阶	
	（2）	精车三个台阶至尺寸要求	

续表

工序	工步	加工内容	图示
2. 粗、精车左端轮廓	（3）	车 $C2$ mm 倒角	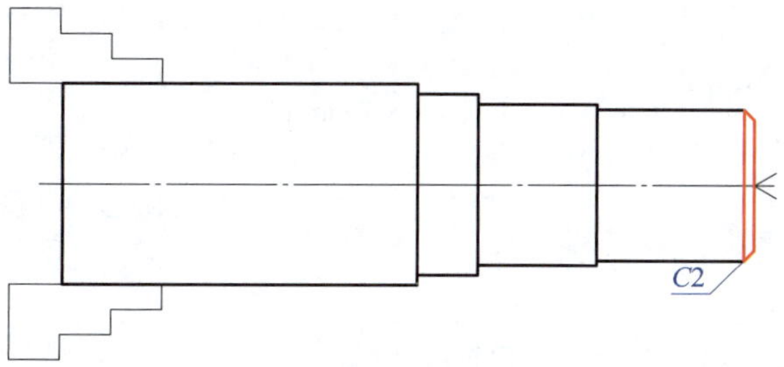
3. 粗、精车右端轮廓	（1）	粗车 ϕ30.5 mm×69.5 mm、ϕ27.5 mm×54.5 mm、ϕ24.5 mm×33.5 mm 三个台阶	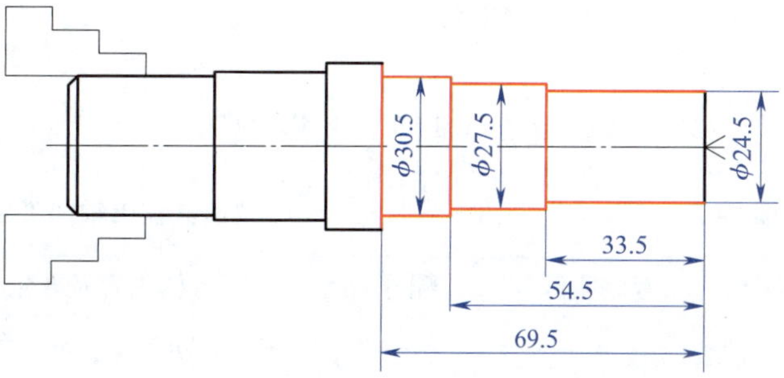
	（2）	精车三个台阶至尺寸要求	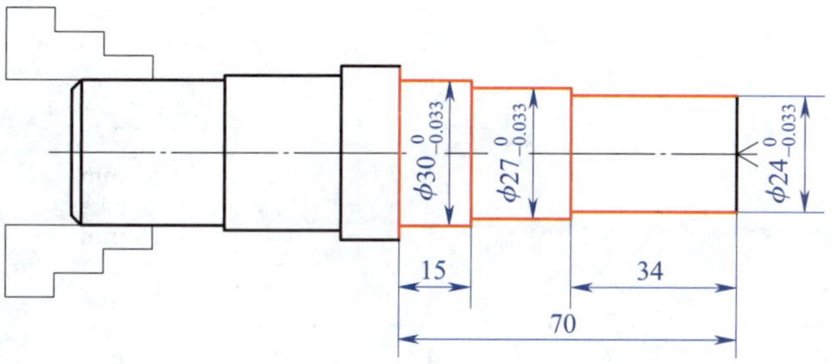
	（3）	车 $C2$ mm 倒角	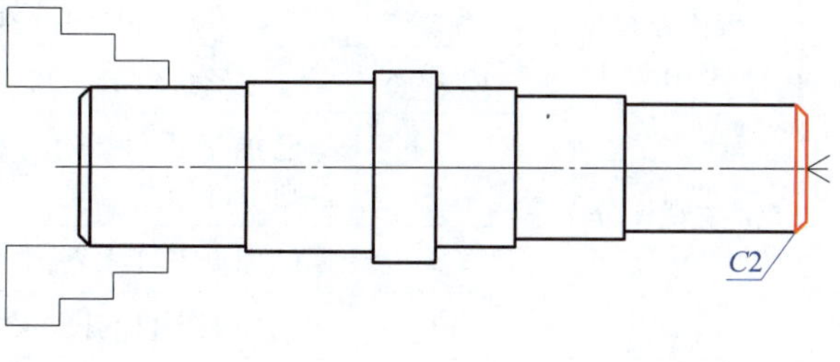

续表

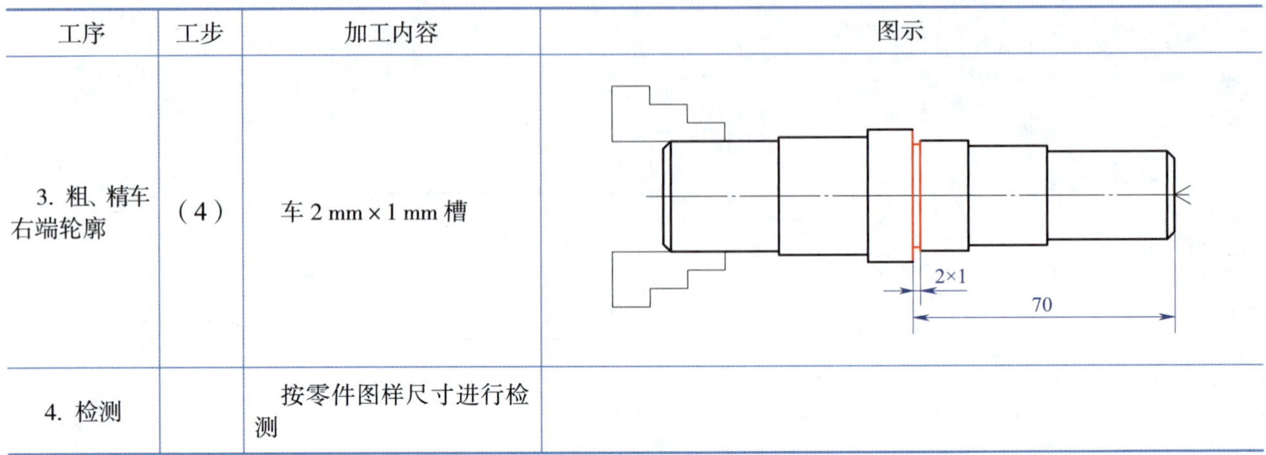

工序	工步	加工内容	图示
3. 粗、精车右端轮廓	（4）	车 2 mm × 1 mm 槽	
4. 检测		按零件图样尺寸进行检测	

三、加工质量检测

表 3–2 为减速器输出轴加工质量检测表。

表 3–2　　减速器输出轴加工质量检测表

序号	考核项目	配分	考核内容及要求	评分标准	检测结果	得分
1	主要尺寸（50 分）	7	$\phi 24^{0}_{-0.033}$ mm	超差不得分		
2		7	$\phi 27^{0}_{-0.033}$ mm	超差不得分		
3		2 × 7	$\phi 30^{0}_{-0.033}$ mm（2 处）	超差不得分		
4		7	$\phi 32^{0}_{-0.033}$ mm	超差不得分		
5		7	$\phi 36^{0}_{-0.039}$ mm	超差不得分		
6		8	◎ | ϕ0.04 | *A*	超差不得分		
7	次要尺寸（24 分）	4	34 mm	超差不得分		
8		4	15 mm	超差不得分		
9		4	12 mm	超差不得分		
10		4	24 mm	超差不得分		
11		4	55 mm	超差不得分		
12		4	137 mm	超差不得分		
13	槽（4 分）	4	2 mm × 1 mm	超差不得分		
14	表面粗糙度（10 分）	4 × 1	*Ra*3.2 μm（4 处）	降级不得分		
15		12 × 0.5	*Ra*6.3 μm（12 处）	降级不得分		
16	主观评分（9 分）	3	已加工零件倒角、倒钝、去毛刺符合图样要求，否则不得分			
17		3	已加工零件无划伤、碰伤和夹伤，否则不得分			
18		3	已加工零件与图样外形一致，否则不得分			
19	更换或添加毛坯（3 分）	3	更换或添加毛坯不得分			

续表

序号	考核项目	配分	考核内容及要求	评分标准	检测结果	得分
20	职业素养		能正确穿戴工作服、工作鞋、安全帽和防护眼镜等个人防护用品。每违反一项，扣 2 分			
21			能规范使用设备、工具、量具和辅具。每违反操作规范一次，扣 2 分			
22			能做好设备清洁、保养工作。不清洁或不保养，扣 3 分；清洁或保养不彻底，扣 2 分			
总配分		100	总得分			

学习任务 4　前顶尖普通车床加工

一、工作情境描述

某企业接到一批前顶尖（图 4–1）零件的加工订单，数量为 50 件，材料为 45 钢，毛坯为 ϕ50 mm × 105 mm 棒料，工期为 5 天，来料加工。现生产部门安排车工组完成此零件的车削加工。

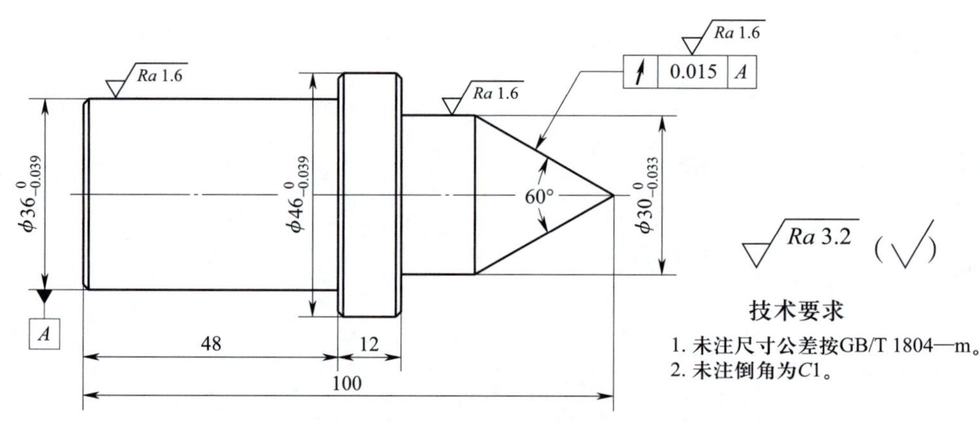

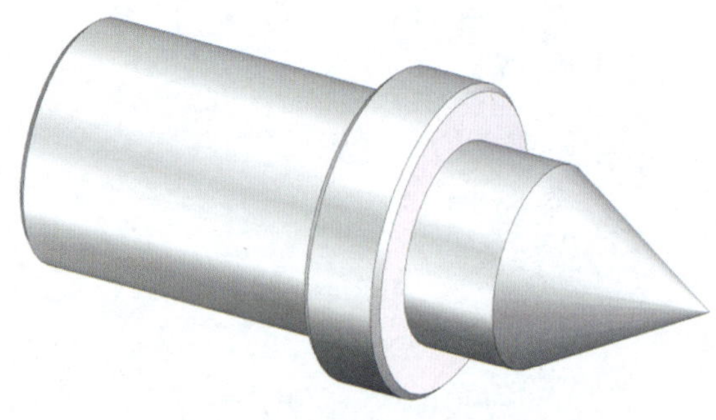

图 4–1　前顶尖

二、加工工艺过程

前顶尖普通车床加工工艺过程见表 4–1。

表 4–1　　前顶尖普通车床加工工艺过程

工序	工步	加工内容	图示
1. 粗、精车左端轮廓	(1)	车端面	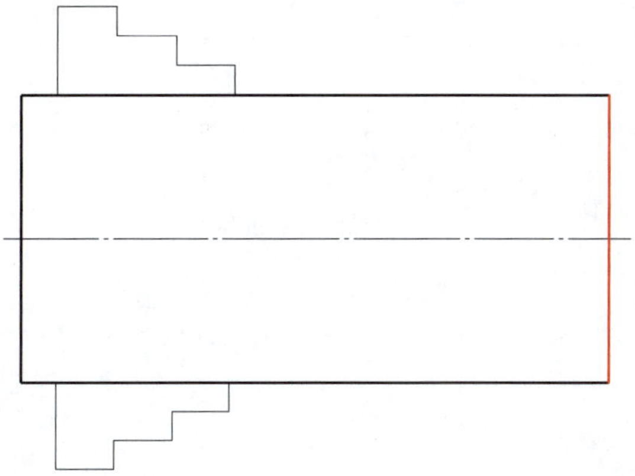
	(2)	粗车 ϕ46.5 mm × 13 mm、ϕ36.5 mm × 47.5 mm 两个台阶	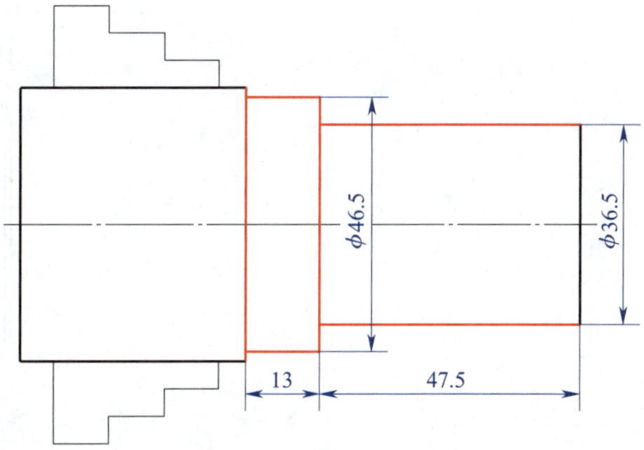 ϕ46.5　ϕ36.5　13　47.5
	(3)	精车两个台阶至尺寸要求	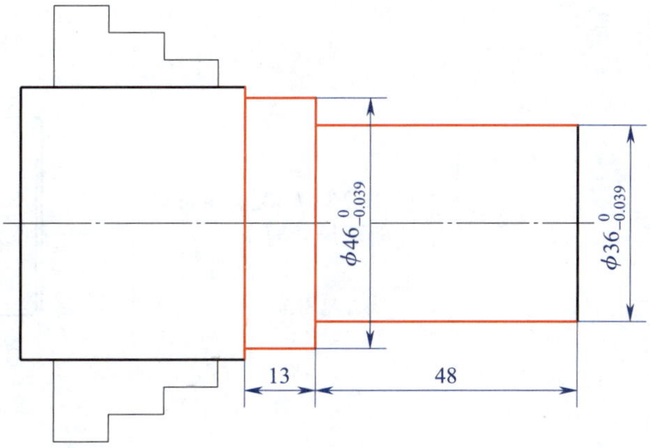 $\phi 46_{-0.039}^{0}$　$\phi 36_{-0.039}^{0}$　13　48

续表

工序	工步	加工内容	图示
1. 粗、精车左端轮廓	（4）	车两处 *C*1 mm 倒角	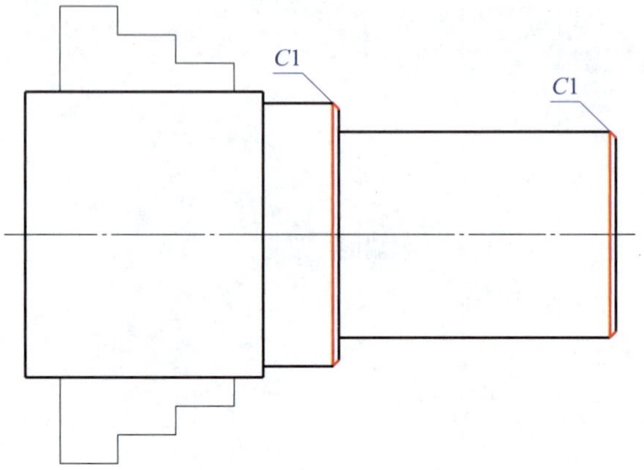
2. 粗、精车右端轮廓	（1）	车端面控制总长	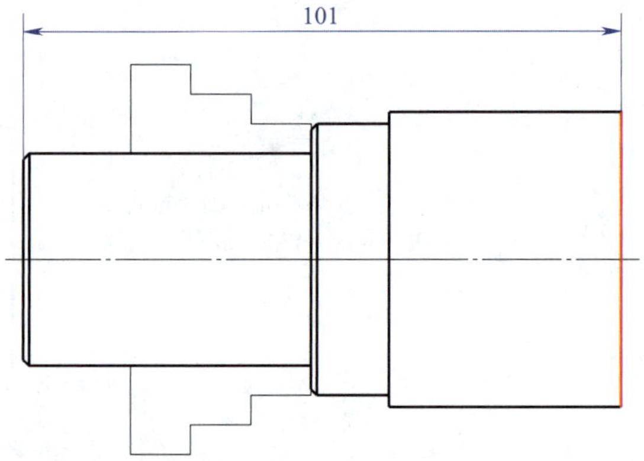
	（2）	粗、精车 $\phi 30_{-0.033}^{0}$ mm 外圆柱面至尺寸要求	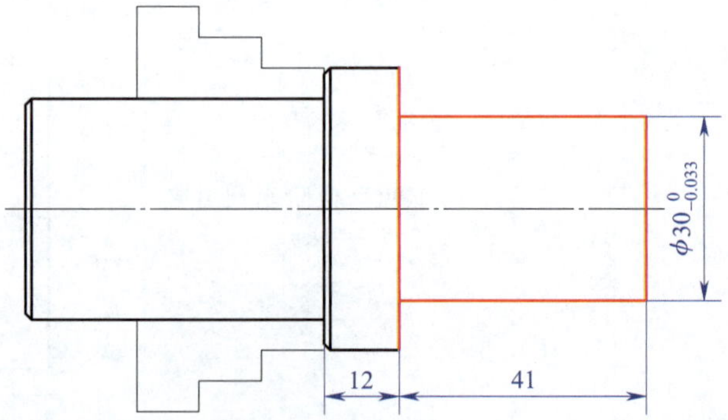

续表

工序	工步	加工内容	图示
2. 粗、精车右端轮廓	（3）	车 $C1$ mm 倒角	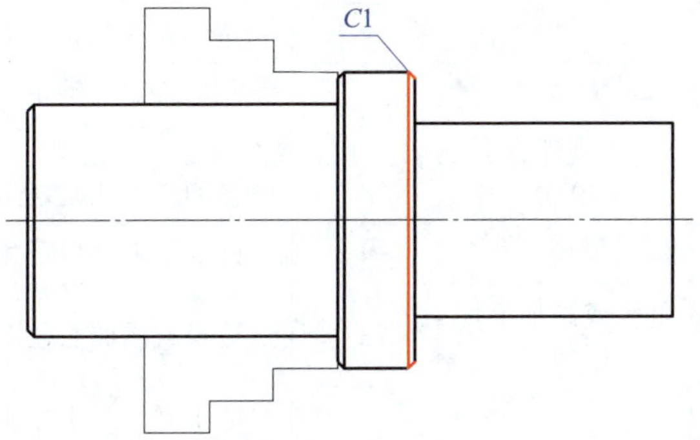 C1
	（4）	采用转动小滑板法，粗、精车 60° 圆锥至尺寸要求，并控制总长 100 mm	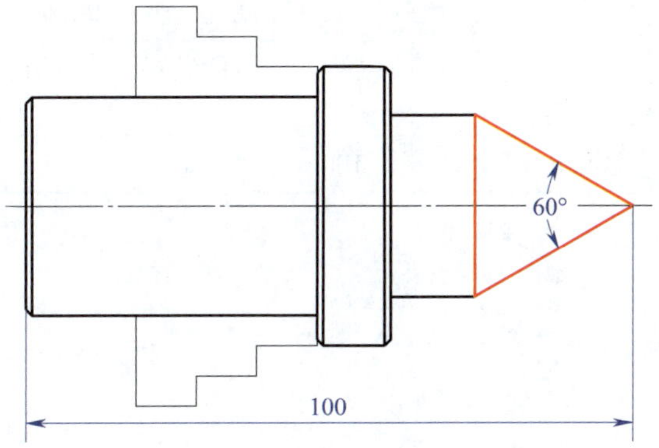 60° 100
3. 检测		按零件图样尺寸进行检测	

三、加工质量检测

表 4–2 为前顶尖加工质量检测表。

表 4–2　　前顶尖加工质量检测表

序号	考核项目	配分	考核内容及要求	评分标准	检测结果	得分
1	主要尺寸（48 分）	8	$\phi\, 30^{\ 0}_{-0.033}$ mm	超差不得分		
2		8	$\phi\, 36^{\ 0}_{-0.039}$ mm	超差不得分		
3		8	$\phi\, 46^{\ 0}_{-0.039}$ mm	超差不得分		
4		16	60°	超差不得分		
5		8	↗ 0.015 A	超差不得分		
6	次要尺寸（24 分）	8	12 mm	超差不得分		
7		8	48 mm	超差不得分		
8		8	100 mm	超差不得分		

续表

序号	考核项目	配分	考核内容及要求	评分标准	检测结果	得分
9	表面粗糙度（13分）	3×3	*Ra*1.6 μm（3处）	降级不得分		
10		4×1	*Ra*3.2 μm（4处）	降级不得分		
11	主观评分（12分）	4	已加工零件倒角、去毛刺符合图样要求，否则不得分			
12		4	已加工零件无划伤、碰伤和夹伤，否则不得分			
13		4	已加工零件与图样外形一致，否则不得分			
14	更换或添加毛坯（3分）	3	更换或添加毛坯不得分			
15	职业素养		能正确穿戴工作服、工作鞋、安全帽和防护眼镜等个人防护用品。每违反一项，扣2分			
16			能规范使用设备、工具、量具和辅具。每违反操作规范一次，扣2分			
17			能做好设备清洁、保养工作。不清洁或不保养，扣3分；清洁或保养不彻底，扣2分			
总配分		100	总得分			

学习任务 5　固定顶尖普通车床加工

一、工作情境描述

某企业接到一批固定顶尖（图 5-1）零件的加工订单，数量为 50 件，材料为 45 钢，毛坯为 ϕ35 mm × 165 mm 棒料，工期为 5 天，来料加工。现生产部门安排车工组完成此零件的车削加工。

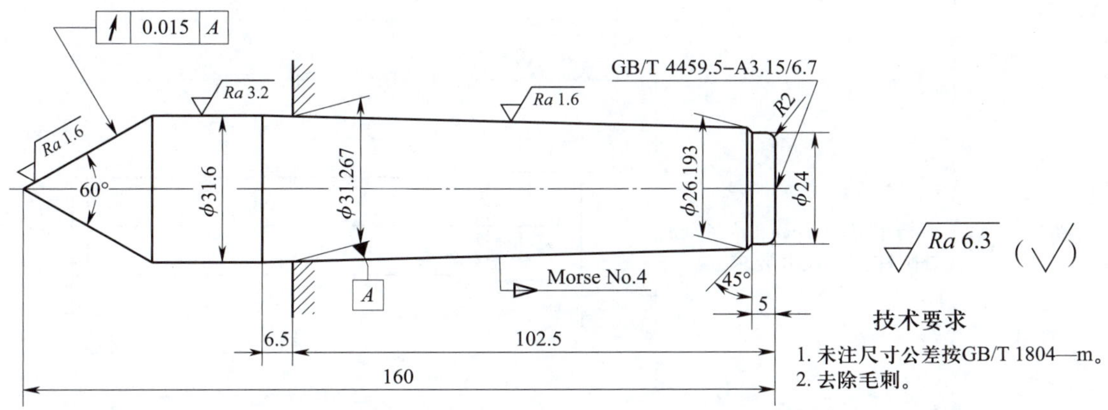

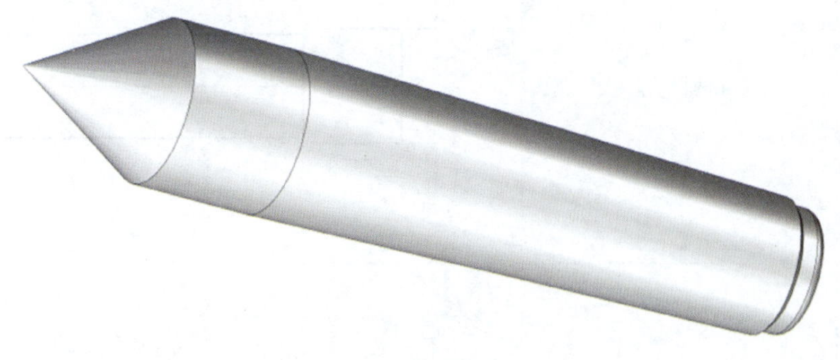

图 5-1　固定顶尖

二、加工工艺过程

固定顶尖普通车床加工工艺过程见表 5-1。

表 5–1　　固定顶尖普通车床加工工艺过程

工序	工步	加工内容	图示
1. 车右端轮廓	(1)	车端面，钻中心孔	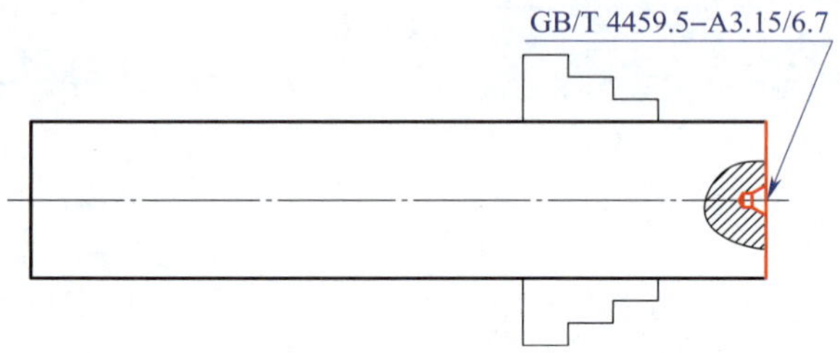 GB/T 4459.5–A3.15/6.7
	(2)	粗车 ϕ32 mm × 133 mm、ϕ24.5 mm × 5 mm 两个台阶	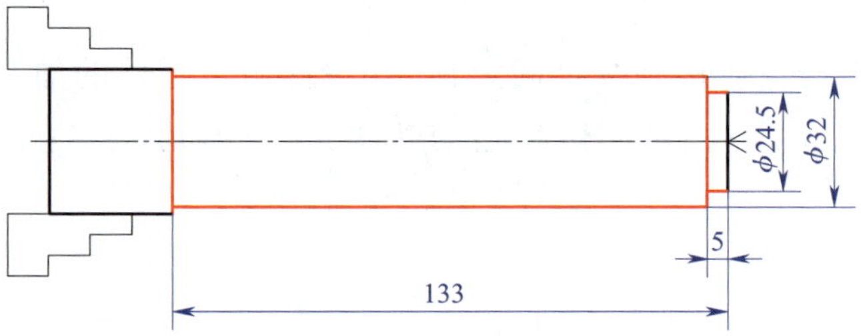 ϕ24.5　ϕ32　5　133
	(3)	精车 ϕ31.6 mm、ϕ24 mm 外圆柱面至尺寸要求	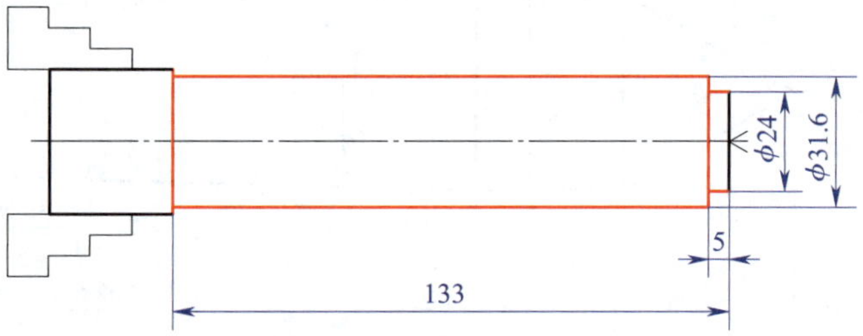 ϕ24　ϕ31.6　5　133
	(4)	车 R2 mm 圆角	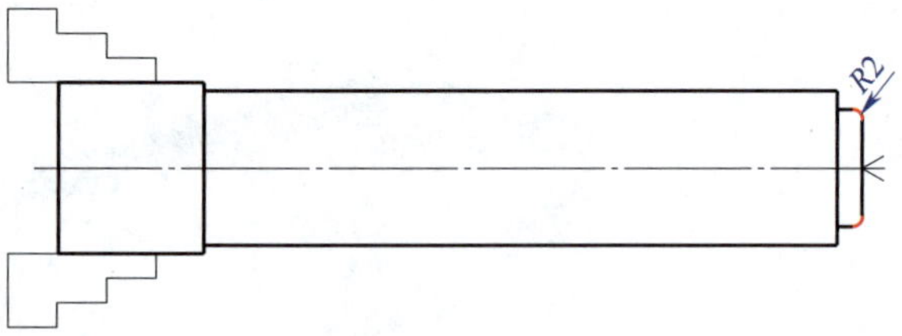 R2
	(5)	采用转动小滑板法，粗、精车莫氏 4 号锥度的圆台至尺寸要求	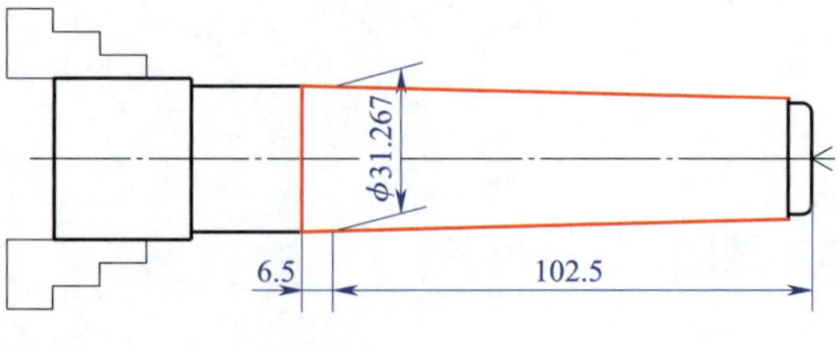 ϕ31.267　6.5　102.5

续表

工序	工步	加工内容	图示
1. 车右端轮廓	（6）	车 45° 倒角	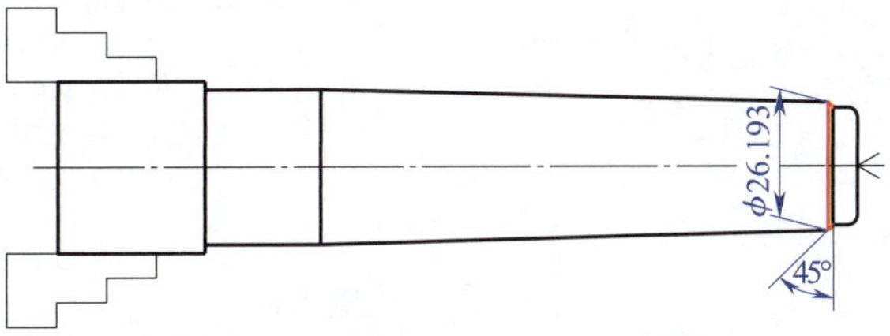
2. 车左端轮廓	（1）	用莫氏 4 号锥套装夹工件，并找正；车端面控制总长	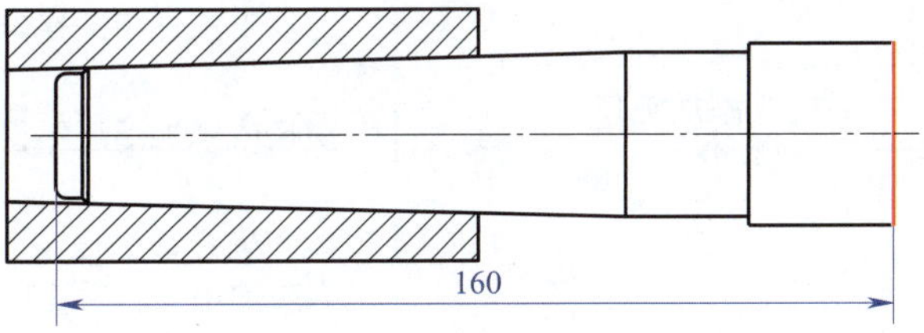
	（2）	采用转动小滑板法，粗、精车 60° 圆锥	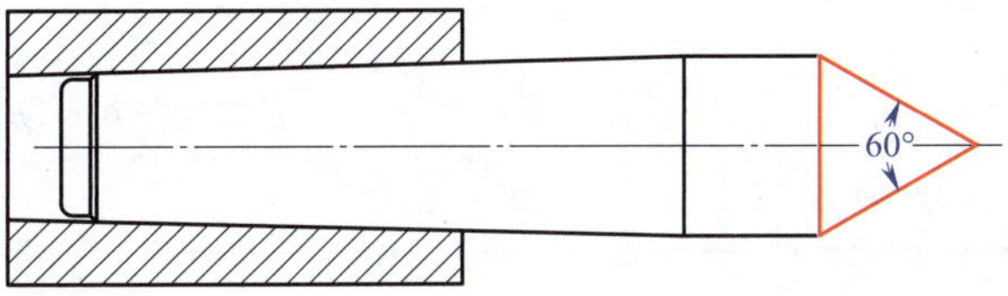
3. 检测		按零件图样尺寸进行检测	

三、加工质量检测

表 5–2 为固定顶尖加工质量检测表。

表 5–2　　**固定顶尖加工质量检测表**

序号	考核项目	配分	考核内容及要求	评分标准	检测结果	得分
1	主要尺寸（48 分）	8	ϕ 24 mm	超差不得分		
2		8	ϕ 31.6 mm	超差不得分		
3		12	Morse No.4 圆台	超差不得分		
4		12	60°	超差不得分		
5		8	↗ 0.015 A	超差不得分		
6	次要尺寸（24 分）	8	5 mm	超差不得分		
7		8	（102.5+6.5）mm	超差不得分		
8		8	160 mm	超差不得分		

续表

序号	考核项目	配分	考核内容及要求	评分标准	检测结果	得分
9	表面粗糙度（12 分）	2×3	*Ra*1.6 μm（2 处）	降级不得分		
10		2	*Ra*3.2 μm	降级不得分		
11		4×1	*Ra*6.3 μm（4 处）	降级不得分		
12	主观评分（12 分）	4	已加工零件倒角、倒圆、去毛刺符合图样要求，否则不得分			
13		4	已加工零件无划伤、碰伤和夹伤，否则不得分			
14		4	已加工零件与图样外形一致，否则不得分			
15	更换或添加毛坯（4 分）	4	更换或添加毛坯不得分			
16	职业素养		能正确穿戴工作服、工作鞋、安全帽和防护眼镜等个人防护用品。每违反一项，扣 2 分			
17			能规范使用设备、工具、量具和辅具。每违反操作规范一次，扣 2 分			
18			能做好设备清洁、保养工作。不清洁或不保养，扣 3 分；清洁或保养不彻底，扣 2 分			
总配分		100	总得分			

学习任务 6 球头轴普通车床加工

一、工作情境描述

某企业接到一批球头轴（图 6–1）零件的加工订单，数量为 50 件，材料为 45 钢，毛坯为 ϕ45 mm × 122 mm 棒料，工期为 5 天，来料加工。现生产部门安排车工组完成此零件的车削加工。

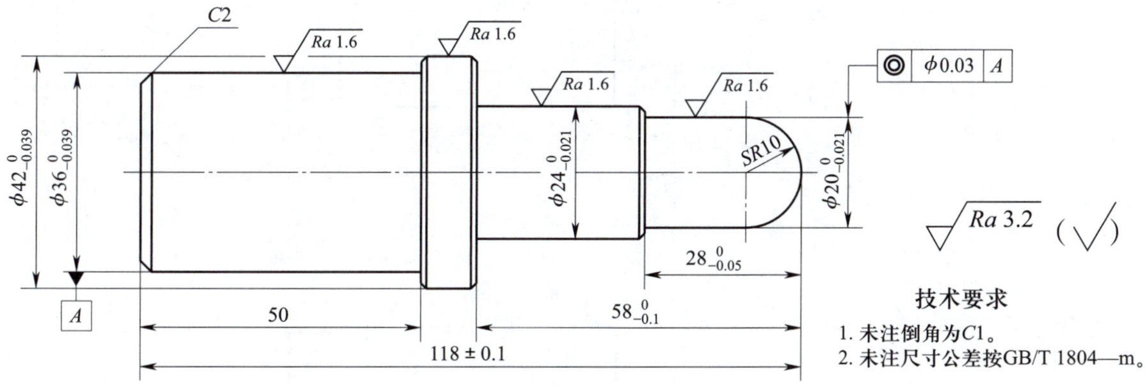

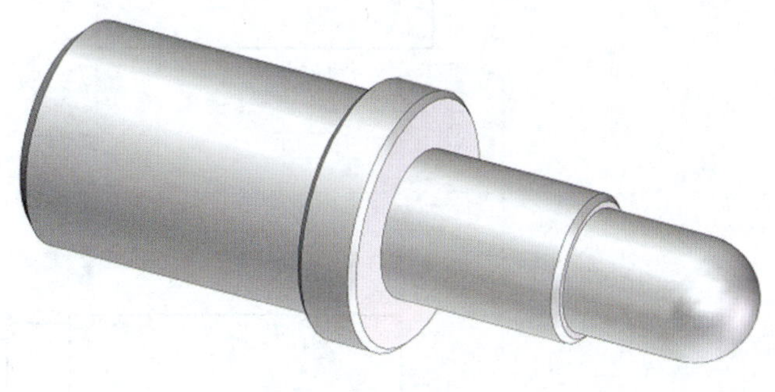

图 6–1 球头轴

二、加工工艺过程

球头轴普通车床加工工艺过程见表 6–1。

表 6–1 球头轴普通车床加工工艺过程

工序	工步	加工内容	图示
1. 粗、精车左端轮廓	（1）	车端面	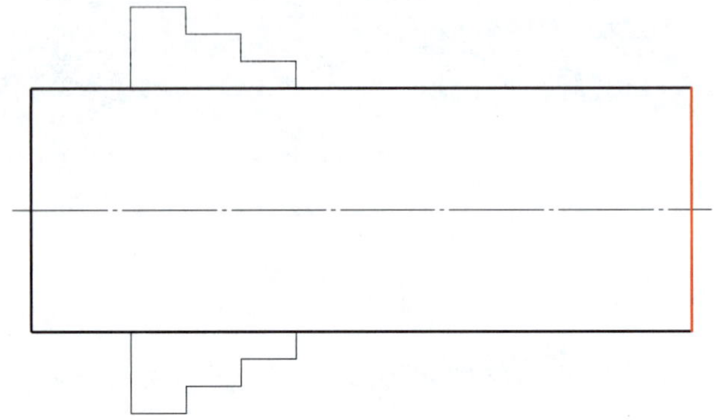
	（2）	粗车 ϕ42.5 mm×61 mm、ϕ36.5 mm×49.5 mm 两个台阶	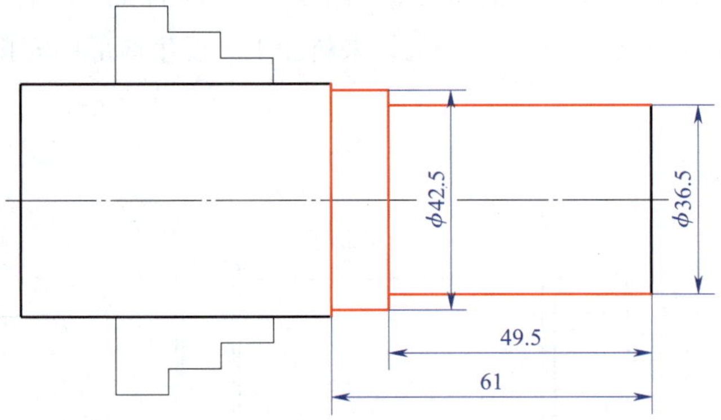 ϕ42.5 ϕ36.5 49.5 61
	（3）	精车两个台阶至尺寸要求	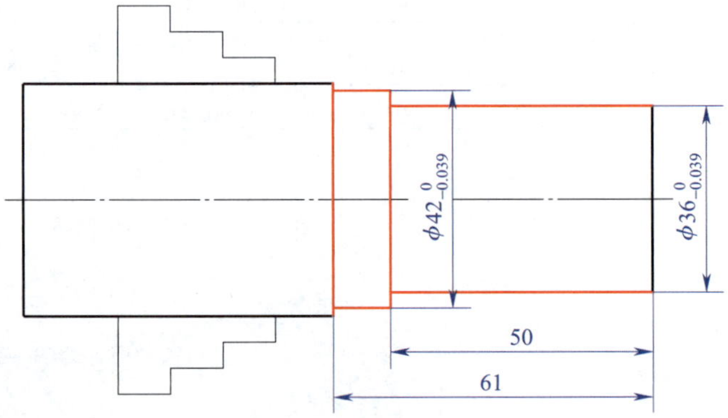 $\phi42_{-0.039}^{0}$ $\phi36_{-0.039}^{0}$ 50 61
	（4）	车 $C2$ mm 和 $C1$ mm 倒角	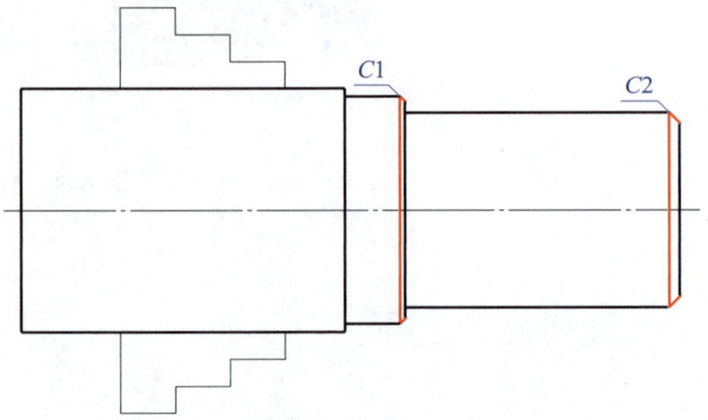 $C1$ $C2$

续表

工序	工步	加工内容	图示
2. 粗、精车右端轮廓	（1）	车端面，控制总长	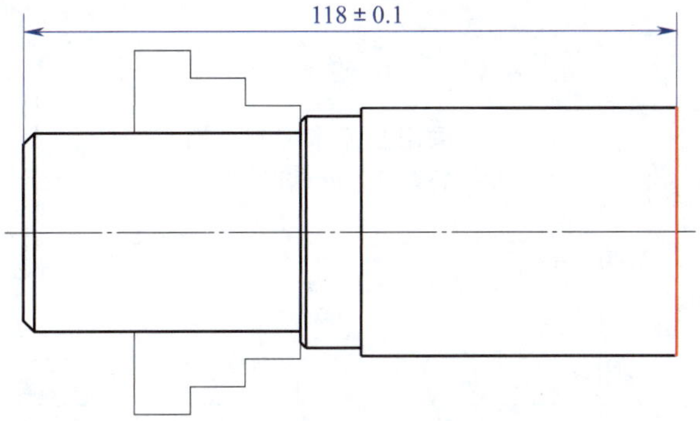 118 ± 0.1
	（2）	粗车 ϕ24.5 mm × 57.5 mm、ϕ20.5 mm × 27.5 mm 两个台阶	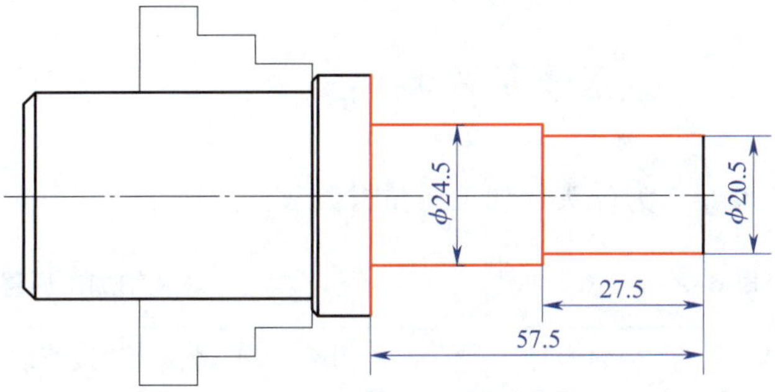 ϕ24.5　ϕ20.5　27.5　57.5
	（3）	精车两个台阶至尺寸要求	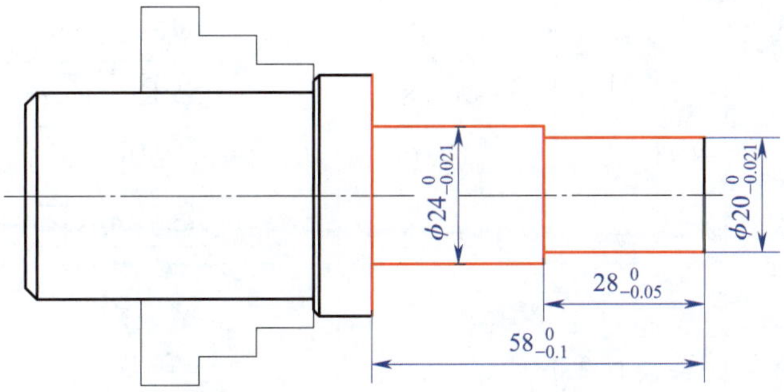 $\phi24^{\ 0}_{-0.021}$　$\phi20^{\ 0}_{-0.021}$　$28^{\ 0}_{-0.05}$　$58^{\ 0}_{-0.1}$
	（4）	车两处 $C1$ mm 倒角	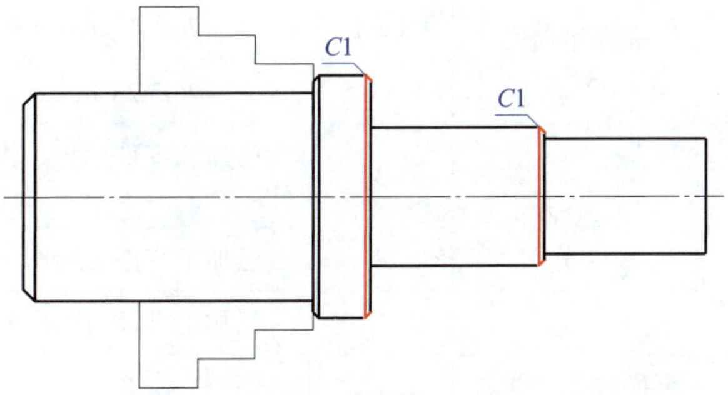 $C1$　$C1$

续表

工序	工步	加工内容	图示
2. 粗、精车右端轮廓	（5）	采用圆弧车刀粗、精车右端 *SR*10 mm 圆球至尺寸要求	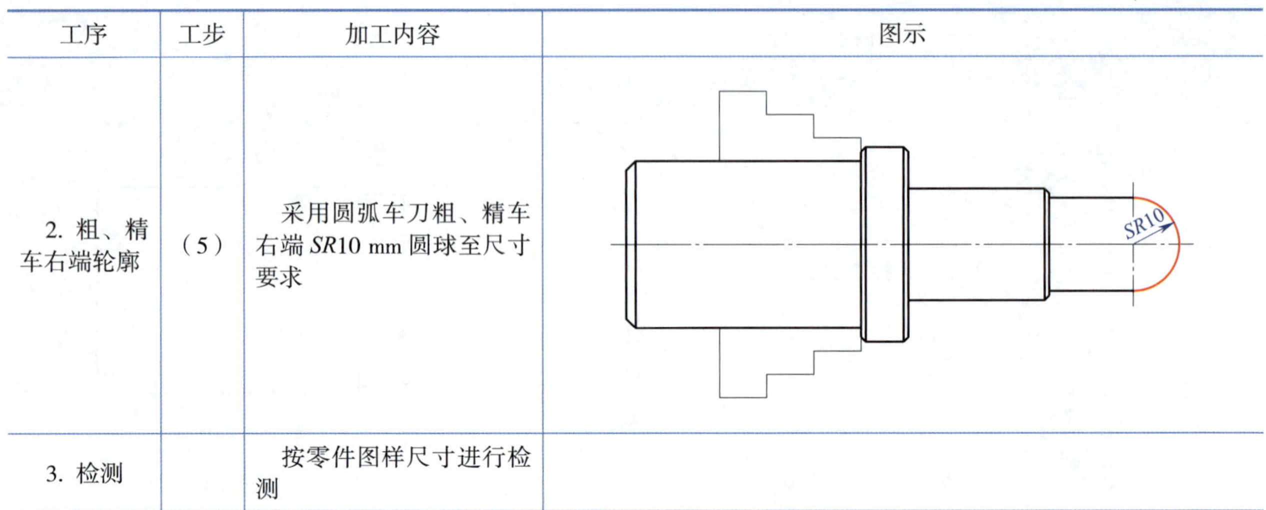
3. 检测		按零件图样尺寸进行检测	

三、加工质量检测

表 6–2 为球头轴加工质量检测表。

表 6–2　　球头轴加工质量检测表

序号	考核项目	配分	考核内容及要求	评分标准	检测结果	得分
1	主要尺寸（54 分）	8	$\phi 20^{0}_{-0.021}$ mm	超差不得分		
2		8	$\phi 24^{0}_{-0.021}$ mm	超差不得分		
3		8	$\phi 36^{0}_{-0.039}$ mm	超差不得分		
4		8	$\phi 42^{0}_{-0.039}$ mm	超差不得分		
5		14	*SR*10 mm	超差不得分		
6		8	◎ ϕ0.03 *A*	超差不得分		
7	次要尺寸（26 分）	7	50 mm	超差不得分		
8		7	$28^{0}_{-0.05}$ mm	超差不得分		
9		6	$58^{0}_{-0.1}$ mm	超差不得分		
10		6	（118 ± 0.1）mm	超差不得分		
11	表面粗糙度（8 分）	4 × 1	*Ra*1.6 μm（4 处）	降级不得分		
12		8 × 0.5	*Ra*3.2 μm（8 处）	降级不得分		
13	主观评分（9 分）	3	已加工零件倒角、去毛刺符合图样要求，否则不得分			
14		3	已加工零件无划伤、碰伤和夹伤，否则不得分			
15		3	已加工零件与图样外形一致，否则不得分			
16	更换或添加毛坯（3 分）	3	更换或添加毛坯不得分			

续表

序号	考核项目	配分	考核内容及要求	评分标准	检测结果	得分
17	职业素养		能正确穿戴工作服、工作鞋、安全帽和防护眼镜等个人防护用品。每违反一项，扣 2 分			
18			能规范使用设备、工具、量具和辅具。每违反操作规范一次，扣 2 分			
19			能做好设备清洁、保养工作。不清洁或不保养，扣 3 分；清洁或保养不彻底，扣 2 分			
总配分		100	总得分			

学习任务 7 锥端轴普通车床加工

一、工作情境描述

某企业接到一批锥端轴（图 7–1）零件的加工订单，数量为 50 件，材料为 45 钢，毛坯为 ϕ45 mm × 110 mm 棒料，工期为 5 天，来料加工。现生产部门安排车工组完成此零件的车削加工。

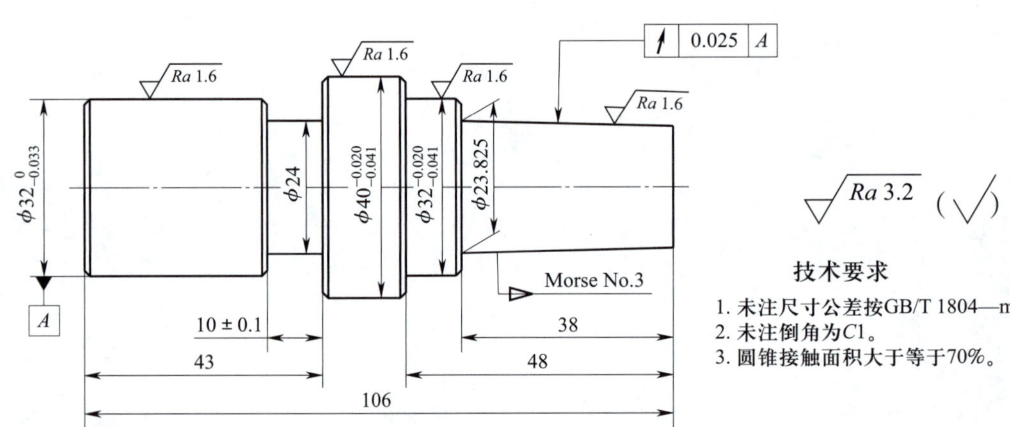

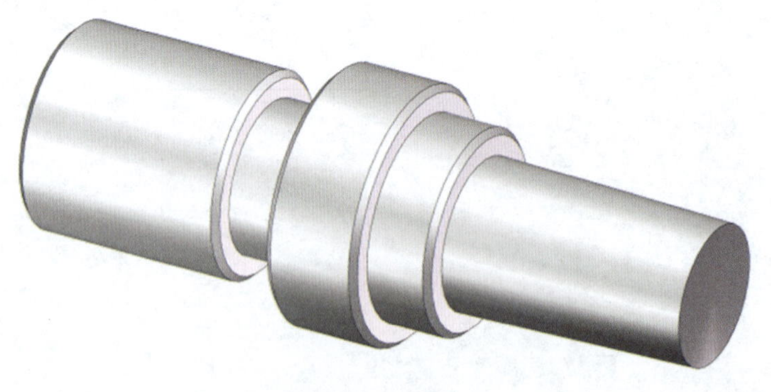

图 7–1 锥端轴

二、加工工艺过程

锥端轴普通车床加工工艺过程见表 7–1。

表 7–1　　锥端轴普通车床加工工艺过程

工序	工步	加工内容	图示
1. 粗、精车左端轮廓	（1）	车端面	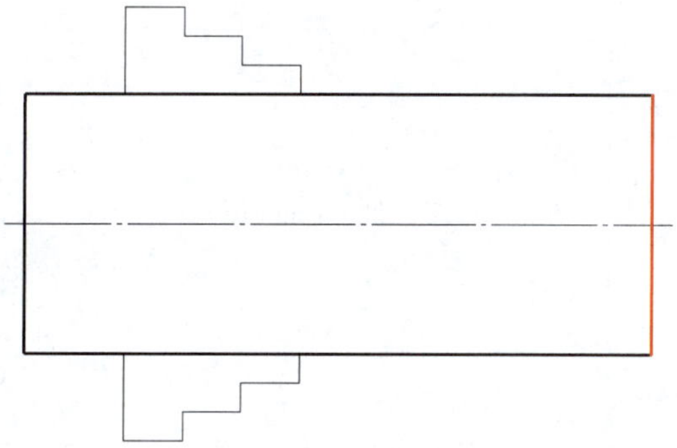
	（2）	粗车 ϕ40.5 mm×59 mm、ϕ32.5 mm × 42.5 mm 两个台阶	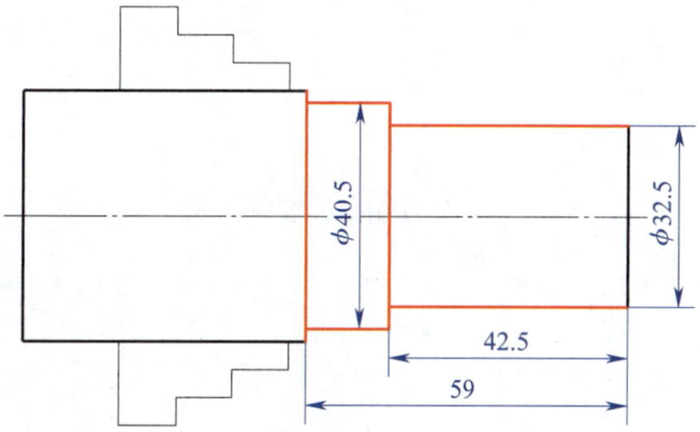 ϕ40.5 ϕ32.5 42.5 59
	（3）	精车两个台阶至尺寸要求	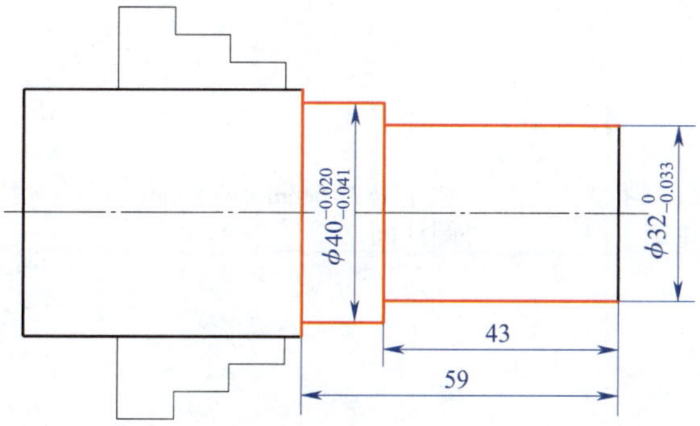 $\phi40^{-0.020}_{-0.041}$ $\phi32^{\ 0}_{-0.033}$ 43 59
	（4）	粗、精车 ϕ24 mm×（10±0.1）mm 宽槽	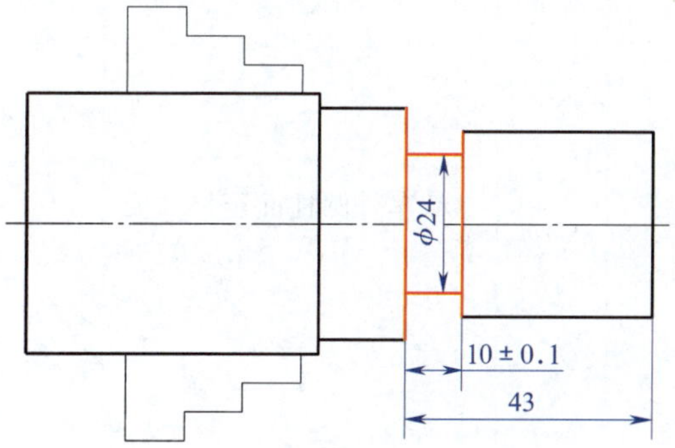 ϕ24 10 ± 0.1 43

续表

工序	工步	加工内容	图示
1. 粗、精车左端轮廓	（5）	车三处 $C1$ mm 倒角	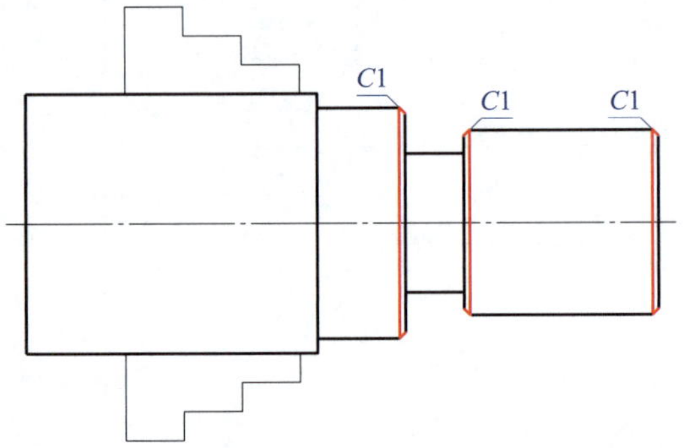
2. 粗、精车右端轮廓	（1）	车右端面，控制总长	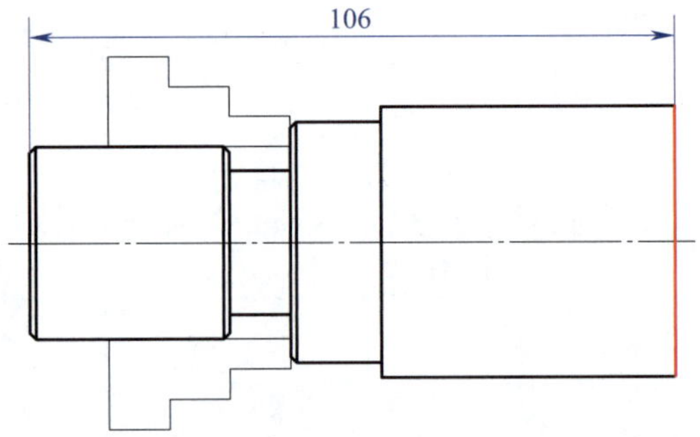
	（2）	粗车 ϕ32.5 mm × 47.5 mm 外圆柱面	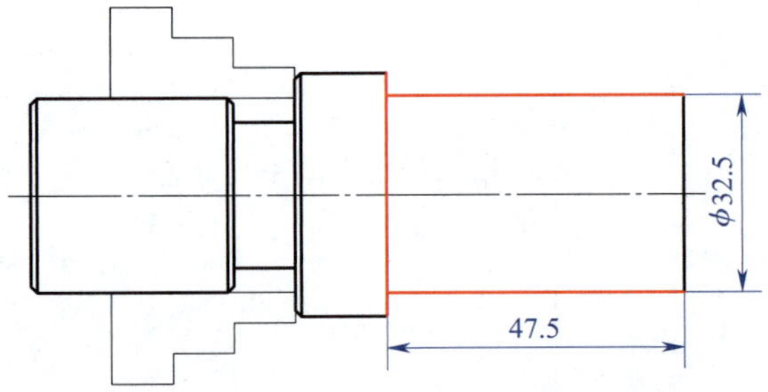
	（3）	精车外圆柱面至尺寸要求	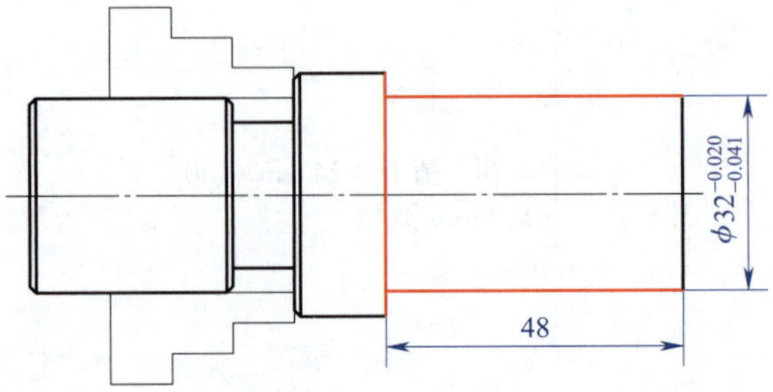

续表

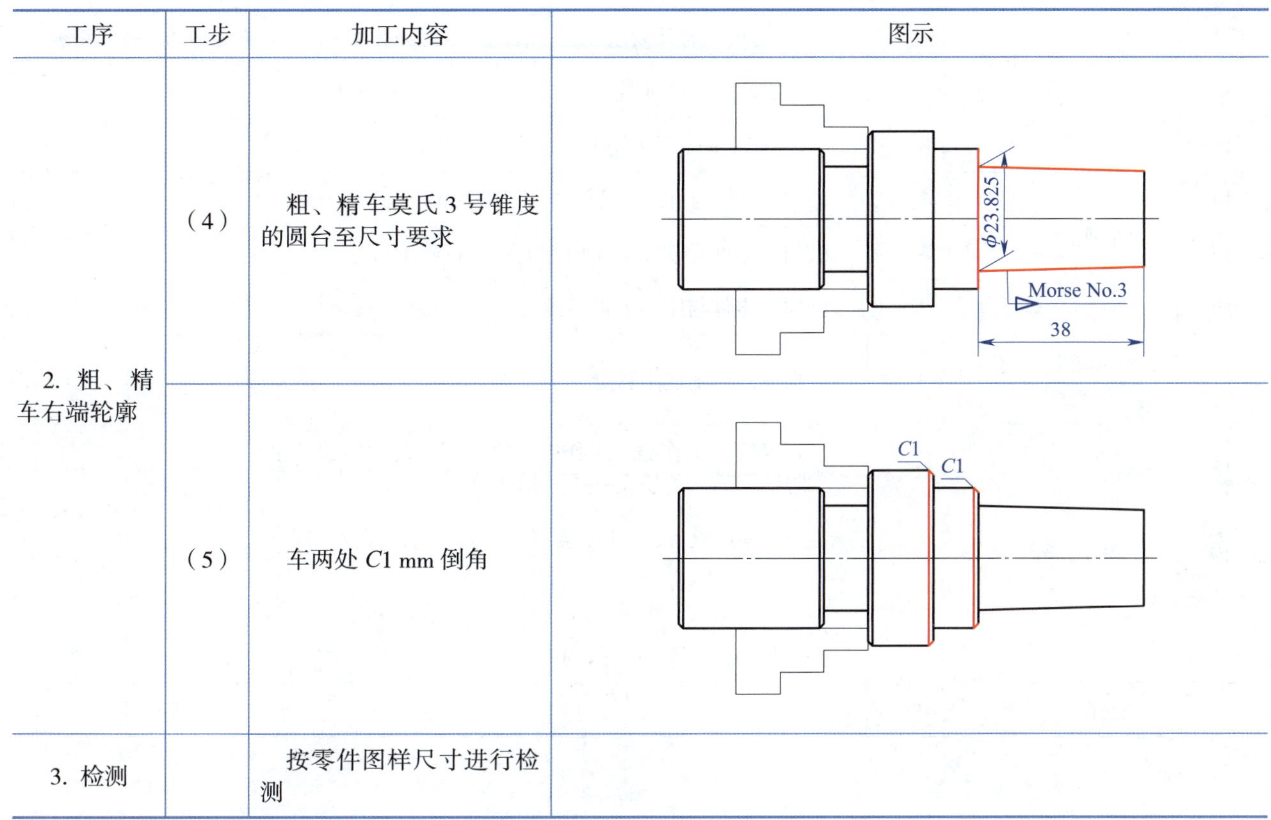

工序	工步	加工内容	图示
2. 粗、精车右端轮廓	（4）	粗、精车莫氏 3 号锥度的圆台至尺寸要求	ϕ23.825　Morse No.3　38
	（5）	车两处 *C*1 mm 倒角	*C*1　*C*1
3. 检测		按零件图样尺寸进行检测	

三、加工质量检测

表 7–2 为锥端轴加工质量检测表。

表 7–2　　锥端轴加工质量检测表

序号	考核项目	配分	考核内容及要求	评分标准	检测结果	得分
1	主要尺寸（53 分）	7	$\phi\,32^{-0.020}_{-0.041}$ mm	超差不得分		
2		7	$\phi\,32^{\ 0}_{-0.033}$ mm	超差不得分		
3		7	$\phi\,40^{-0.020}_{-0.041}$ mm	超差不得分		
4		8	莫氏 3 号锥度的圆台	超差不得分		
5		10	ϕ 24 mm ×（10 ± 0.1）mm 宽槽	超差不得分		
6		14	↗ 0.025 *A*	超差不得分		
7	次要尺寸（25 分）	5	43 mm	超差不得分		
8		5	48 mm	超差不得分		
9		5	38 mm	超差不得分		
10		5	106 mm	超差不得分		
11		5 × 1	*C*1 mm（5 处）	超差不得分		

续表

<table>
<tr><th>序号</th><th>考核项目</th><th>配分</th><th>考核内容及要求</th><th>评分标准</th><th>检测结果</th><th>得分</th></tr>
<tr><td>12</td><td rowspan="2">表面粗糙度
（10 分）</td><td>4 × 1</td><td>Ra1.6 μm（4 处）</td><td>降级不得分</td><td></td><td></td></tr>
<tr><td>13</td><td>12 × 0.5</td><td>Ra3.2 μm（12 处）</td><td>降级不得分</td><td></td><td></td></tr>
<tr><td>14</td><td rowspan="3">主观评分
（9 分）</td><td>3</td><td colspan="2">已加工零件倒角、去毛刺符合图样要求，否则不得分</td><td></td><td></td></tr>
<tr><td>15</td><td>3</td><td colspan="2">已加工零件无划伤、碰伤和夹伤，否则不得分</td><td></td><td></td></tr>
<tr><td>16</td><td>3</td><td colspan="2">已加工零件与图样外形一致，否则不得分</td><td></td><td></td></tr>
<tr><td>17</td><td>更换或添加毛坯
（3 分）</td><td>3</td><td colspan="2">更换或添加毛坯不得分</td><td></td><td></td></tr>
<tr><td>18</td><td rowspan="3">职业素养</td><td rowspan="3"></td><td colspan="2">能正确穿戴工作服、工作鞋、安全帽和防护眼镜等个人防护用品。每违反一项，扣 2 分</td><td></td><td></td></tr>
<tr><td>19</td><td colspan="2">能规范使用设备、工具、量具和辅具。每违反操作规范一次，扣 2 分</td><td></td><td></td></tr>
<tr><td>20</td><td colspan="2">能做好设备清洁、保养工作。不清洁或不保养，扣 3 分；清洁或保养不彻底，扣 2 分</td><td></td><td></td></tr>
<tr><td colspan="2">总配分</td><td>100</td><td colspan="3">总得分</td><td></td></tr>
</table>

学习任务 8　轴承套普通车床加工

一、工作情境描述

某企业接到一批轴承套（图 8–1）零件的加工订单，数量为 50 件，材料为 45 钢，毛坯为 ϕ45 mm × 45 mm 棒料，工期为 5 天，来料加工。现生产部门安排车工组完成此零件的车削加工。

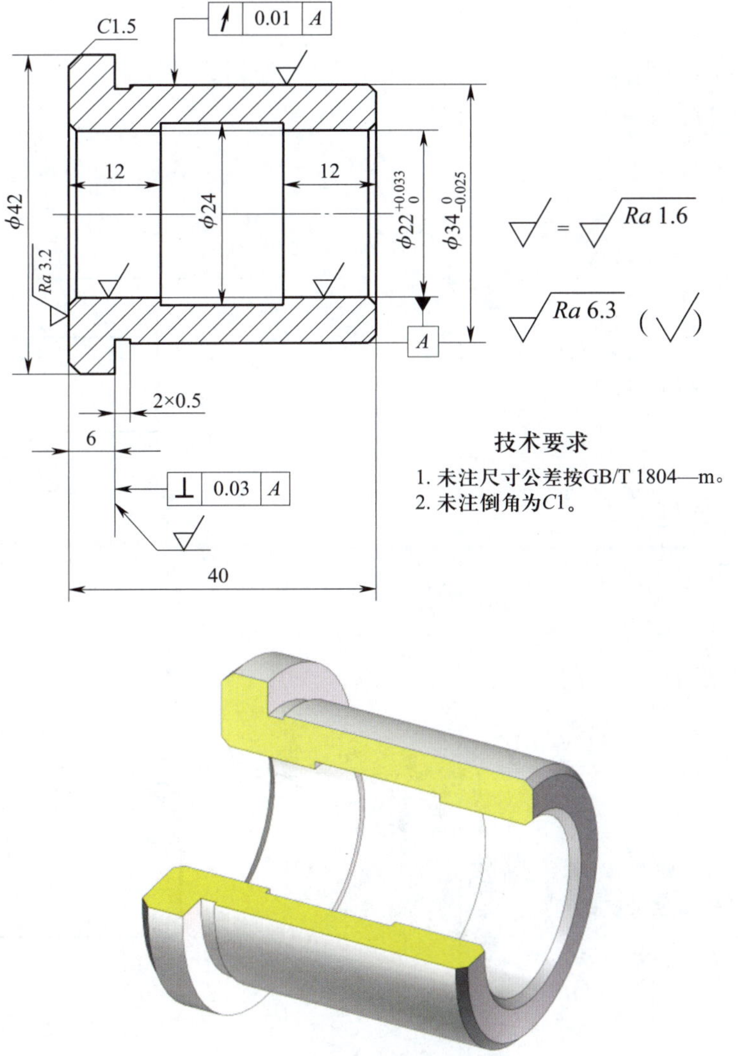

图 8–1　轴承套

二、加工工艺过程

轴承套普通车床加工工艺过程见表 8-1。

表 8-1　轴承套普通车床加工工艺过程

工序	工步	加工内容	图示
1. 钻通孔		钻 ϕ20 mm 通孔	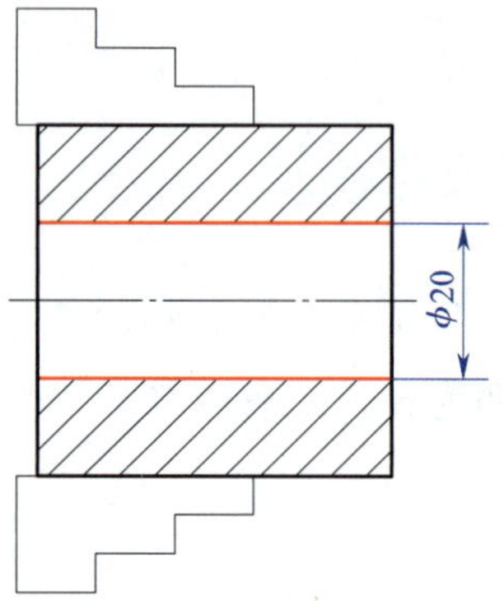 ϕ20
2. 车右端轮廓	（1）	车右端面	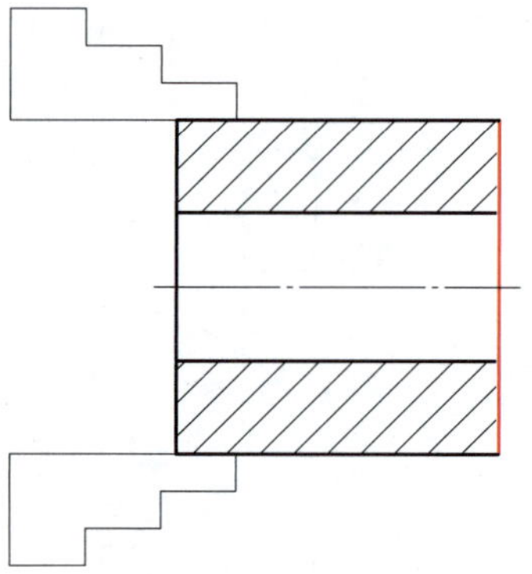
	（2）	粗、精车 $\phi 34_{-0.025}^{\ 0}$ mm 外圆柱面至尺寸要求	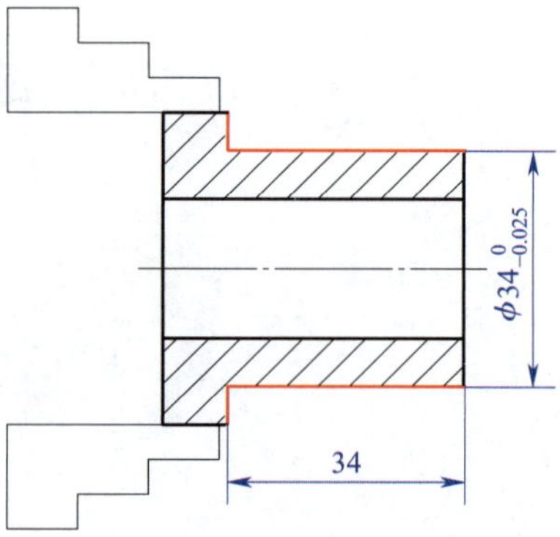 $\phi 34_{-0.025}^{\ 0}$ 34

续表

工序	工步	加工内容	图示
2. 车右端轮廓	（3）	车 *C*1 mm 倒角	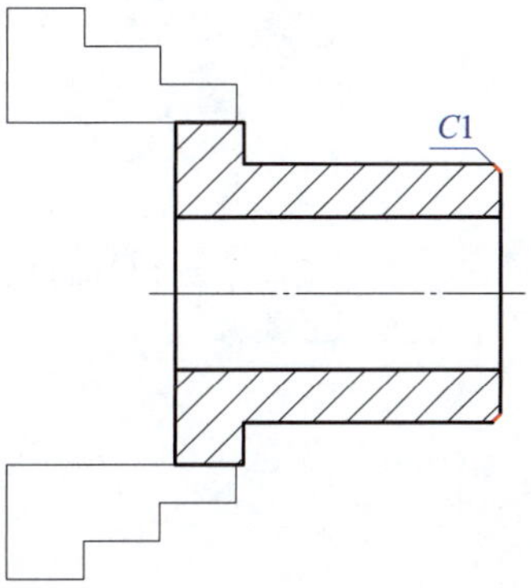 C1
	（4）	采用 2 mm 宽的切槽刀加工 2 mm × 0.5 mm 的槽	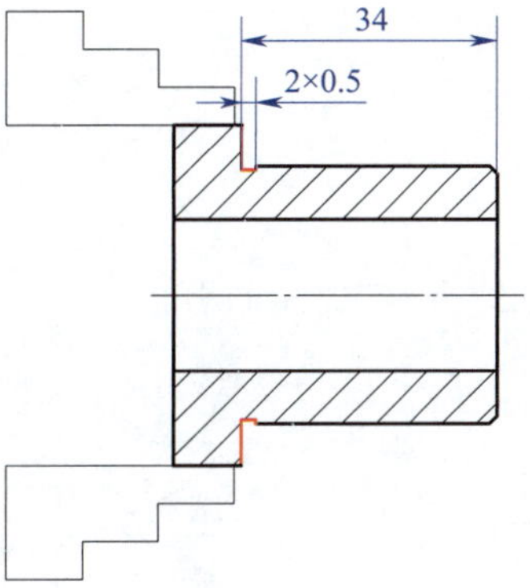 34 2×0.5
	（5）	车内孔倒角	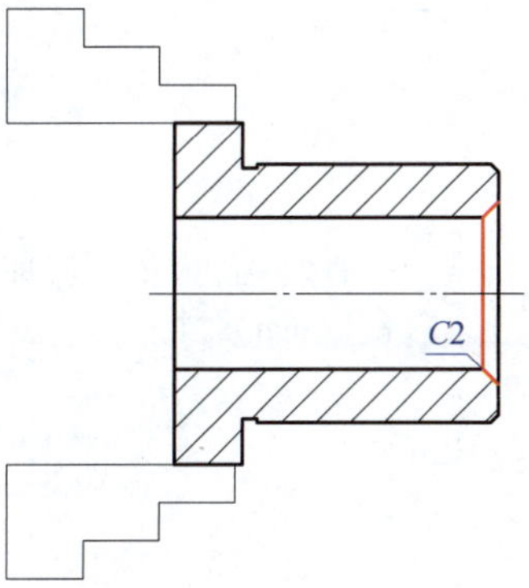 C2
3. 车左端轮廓	（1）	车端面，控制总长	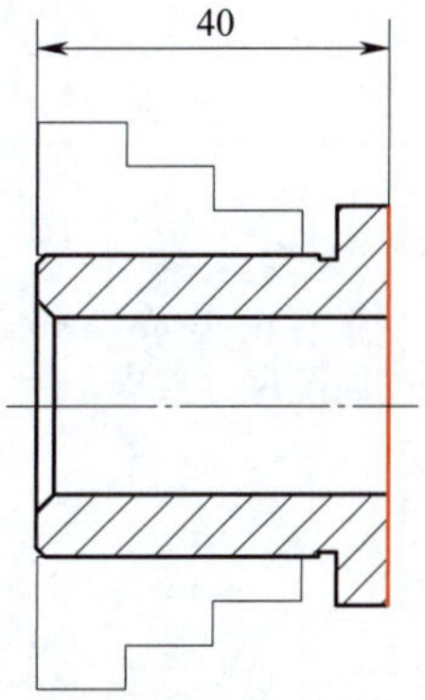 40

续表

工序	工步	加工内容	图示
3. 车左端轮廓	（2）	粗、精车 $\phi 22_{0}^{+0.033}$ mm 内孔至尺寸要求	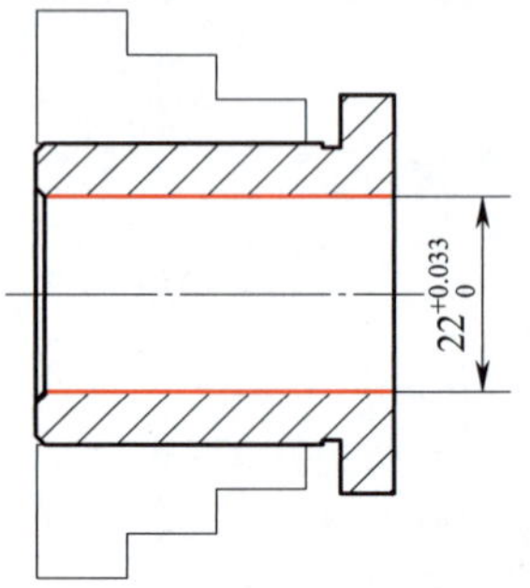 $22_{0}^{+0.033}$
	（3）	车 $C1$ mm 倒角	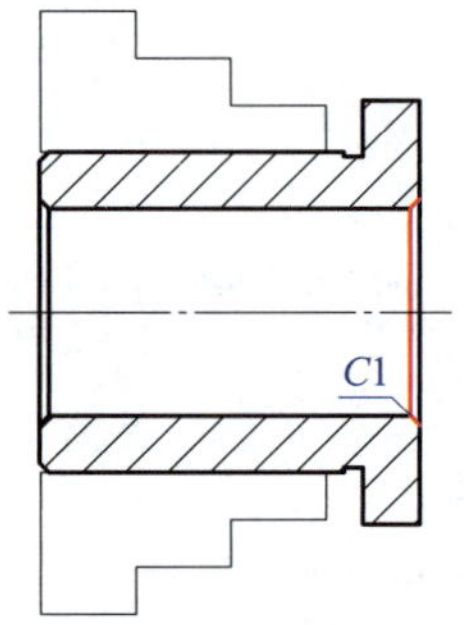 $C1$
	（4）	车 $\phi 24$ mm 内槽，保证两端 12 mm 尺寸	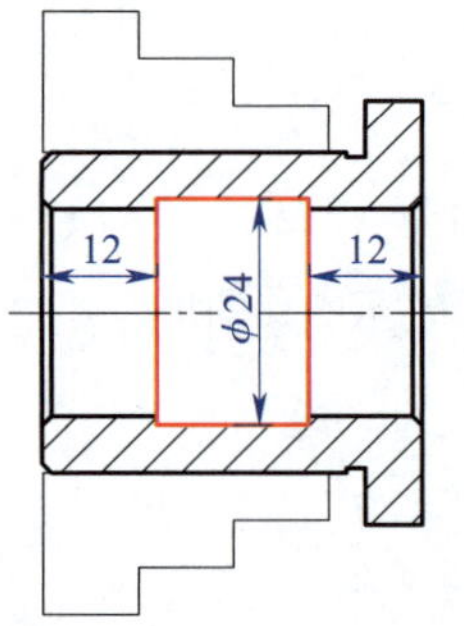 12 $\phi 24$ 12
	（5）	粗、精车 $\phi 42$ mm 外圆柱面至尺寸要求	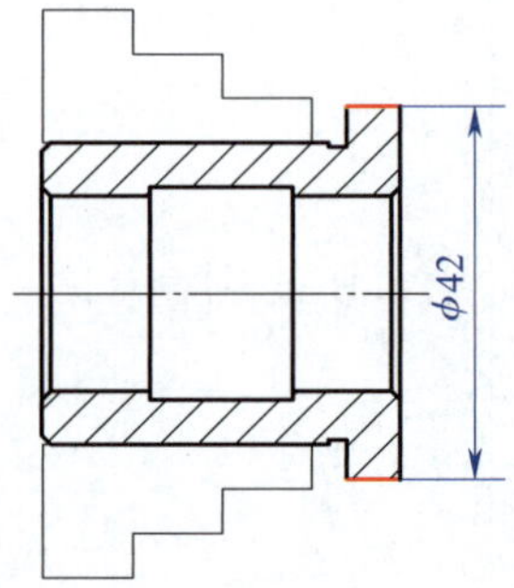 $\phi 42$

续表

工序	工步	加工内容	图示
3. 车左端轮廓	（6）	车 $C1.5$ mm 倒角	
4. 检测		按零件图样尺寸进行检测	

三、加工质量检测

表 8–2 为轴承套加工质量检测表。

表 8–2　　轴承套加工质量检测表

序号	考核项目	配分	考核内容及要求	评分标准	检测结果	得分
1	主要尺寸（48 分）	2×7	$\phi 22^{+0.033}_{0}$ mm（2 处）	超差不得分		
2		7	$\phi 24$ mm	超差不得分		
3		7	$\phi 34^{0}_{-0.025}$ mm	超差不得分		
4		7	$\phi 42$ mm	超差不得分		
5		7	↗ 0.01 A	超差不得分		
6		6	⊥ 0.03 A	超差不得分		
7	次要尺寸（28 分）	2×5	12 mm（2 处）	超差不得分		
8		6	6 mm	超差不得分		
9		6	40 mm	超差不得分		
10		6	窄槽：2 mm×0.5 mm	超差不得分		
11	表面粗糙度（12 分）	4×2	$Ra1.6$ μm（4 处）	降级不得分		
12		1	$Ra3.2$ μm	降级不得分		
13		6×0.5	$Ra6.3$ μm（6 处）	降级不得分		
14	主观评分（9 分）	3	已加工零件倒角、去毛刺符合图样要求，否则不得分			
15		3	已加工零件无划伤、碰伤和夹伤，否则不得分			
16		3	已加工零件与图样外形一致，否则不得分			
17	更换或添加毛坯（3 分）	3	更换或添加毛坯不得分			

续表

序号	考核项目	配分	考核内容及要求	评分标准	检测结果	得分
18	职业素养		能正确穿戴工作服、工作鞋、安全帽和防护眼镜等个人防护用品。每违反一项，扣2分			
19			能规范使用设备、工具、量具和辅具。每违反操作规范一次，扣2分			
20			能做好设备清洁、保养工作。不清洁或不保养，扣3分；清洁或保养不彻底，扣2分			
总配分		100	总得分			

学习任务 9　垫套普通车床加工

一、工作情境描述

某企业接到一批垫套（图 9-1）零件的加工订单，数量为 50 件，材料为 45 钢，毛坯为 ϕ42 mm×65 mm 棒料，工期为 5 天，来料加工。现生产部门安排车工组完成此零件的车削加工。

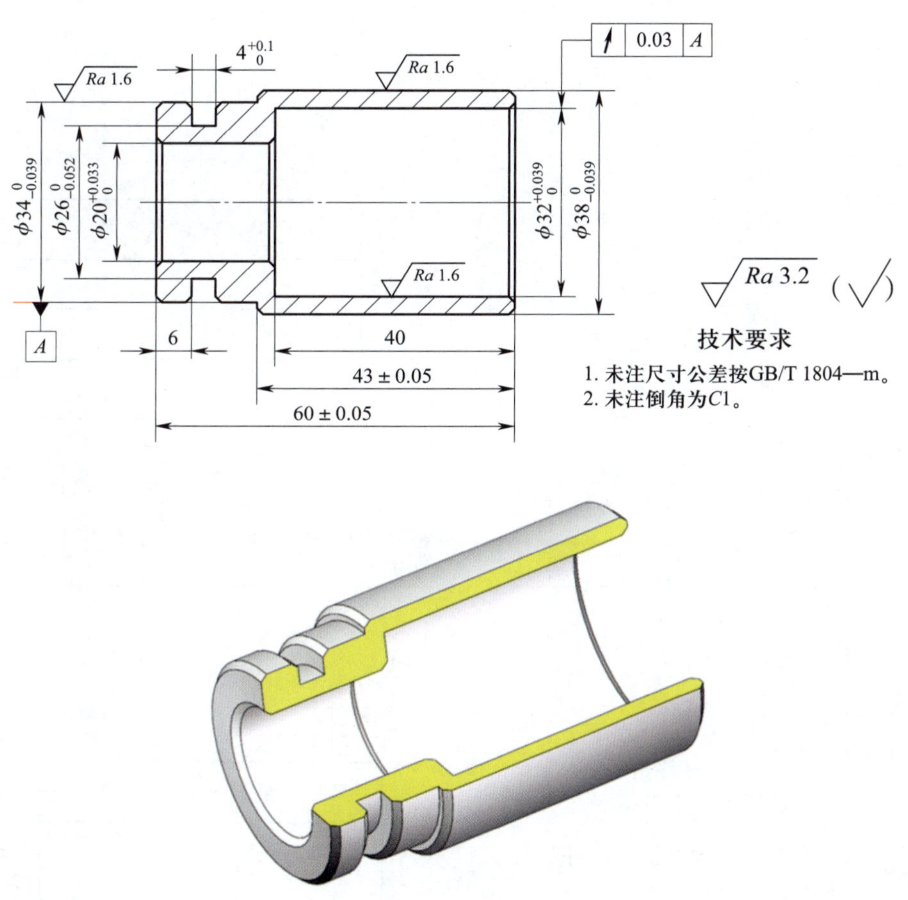

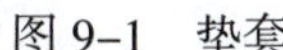

图 9-1　垫套

二、加工工艺过程

垫套普通车床加工工艺过程见表 9-1。

表 9–1 垫套普通车床加工工艺过程

工序	工步	加工内容	图示
1. 钻孔		钻 ϕ18 mm 通孔	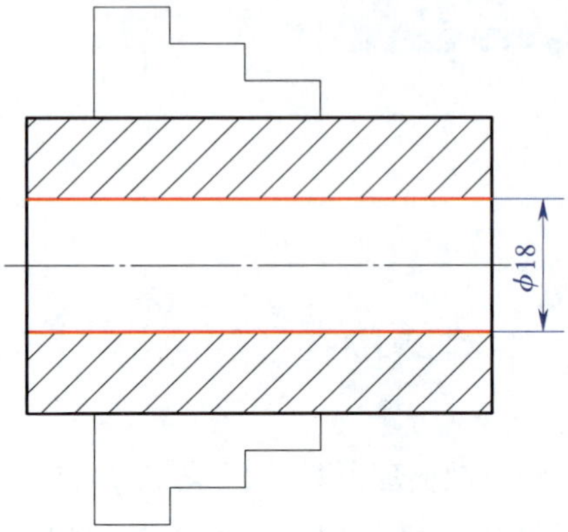 ϕ18
2. 车左端轮廓	(1)	车左端面	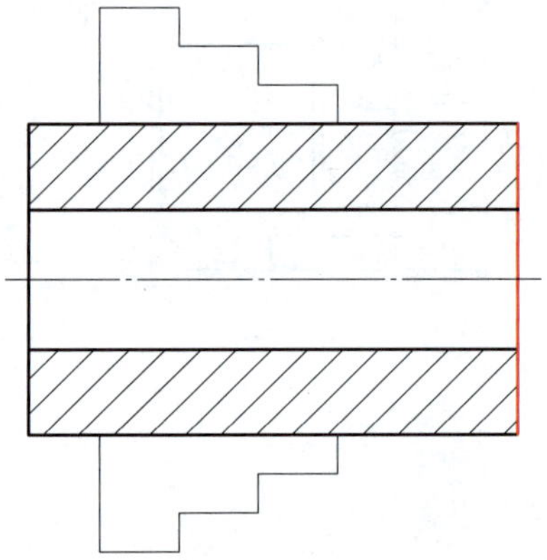
	(2)	粗、精车 $\phi 34_{-0.039}^{\ 0}$ mm 外圆柱面至尺寸要求	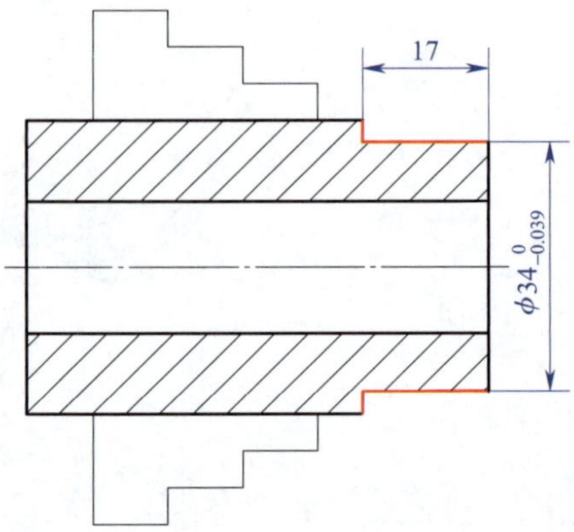 17 $\phi 34_{-0.039}^{\ 0}$

续表

工序	工步	加工内容	图示
2. 车左端轮廓	（3）	车两处倒角	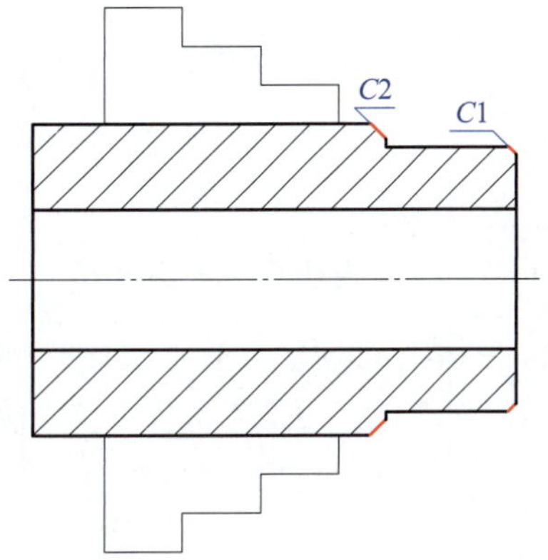 C2　C1
	（4）	粗、精车 $\phi 26^{0}_{-0.052}$ mm × $4^{+0.1}_{0}$ mm 槽，并对两侧倒角	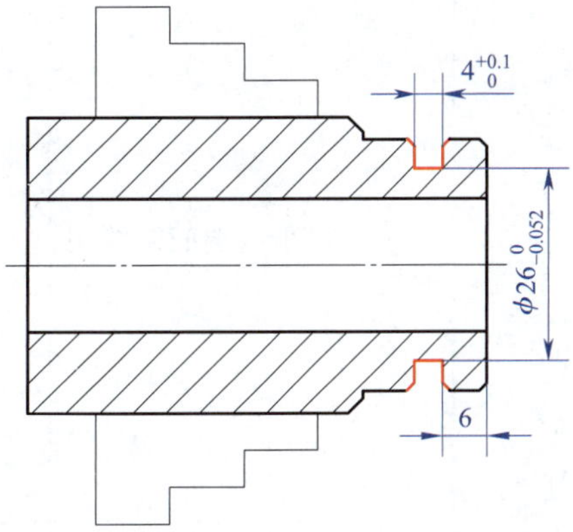 $4^{+0.1}_{0}$　$\phi 26^{0}_{-0.052}$　6
	（5）	粗、精车 $\phi 20^{+0.033}_{0}$ mm 内孔至尺寸要求	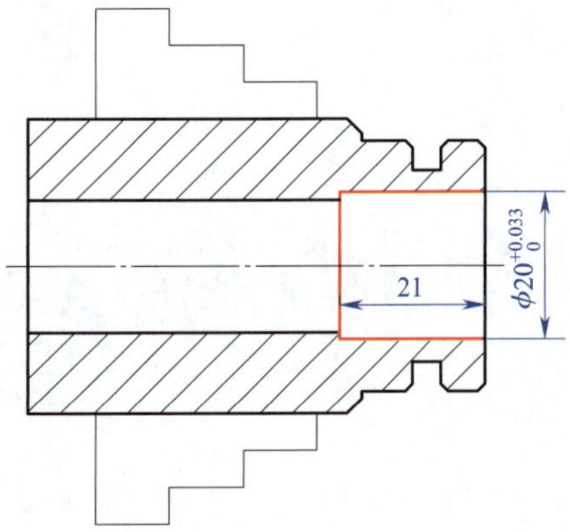 21　$\phi 20^{+0.033}_{0}$

续表

工序	工步	加工内容	图示
2. 车左端轮廓	（6）	车内孔 $C1$ mm 倒角	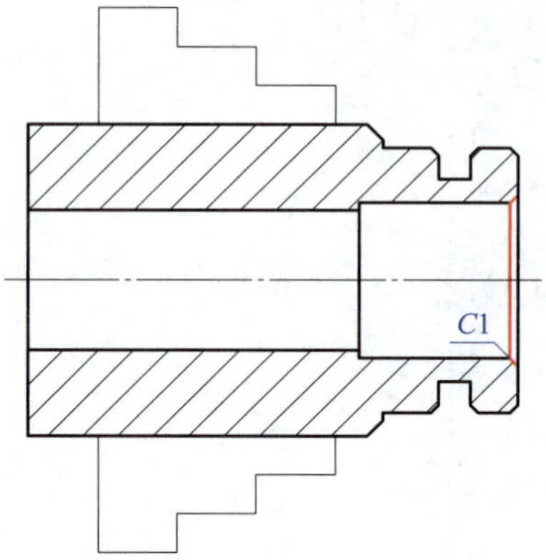 C1
3. 车右端轮廓	（1）	粗、精车右端面，控制总长	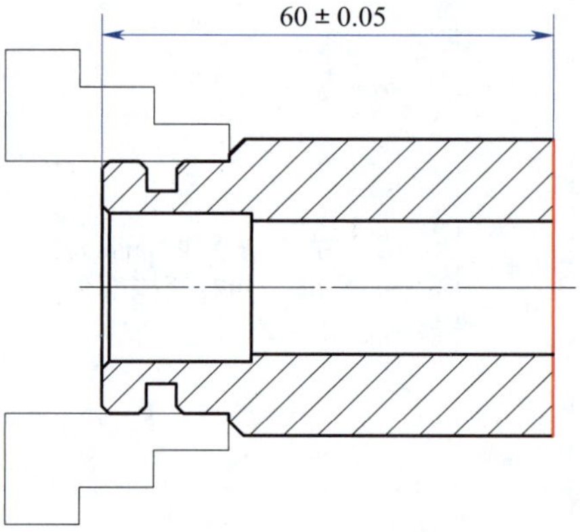 60 ± 0.05
	（2）	粗、精车 $\phi 38_{-0.039}^{0}$ mm 外圆柱面至尺寸要求	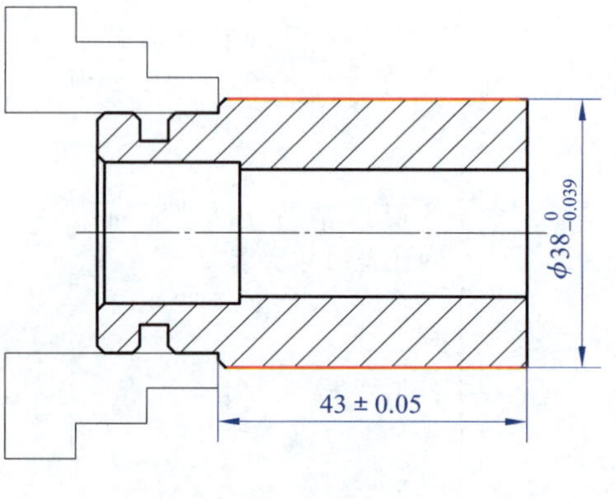 $\phi 38_{-0.039}^{0}$ 43 ± 0.05

续表

工序	工步	加工内容	图示
3. 车右端轮廓	（3）	车 $C1$ mm 倒角	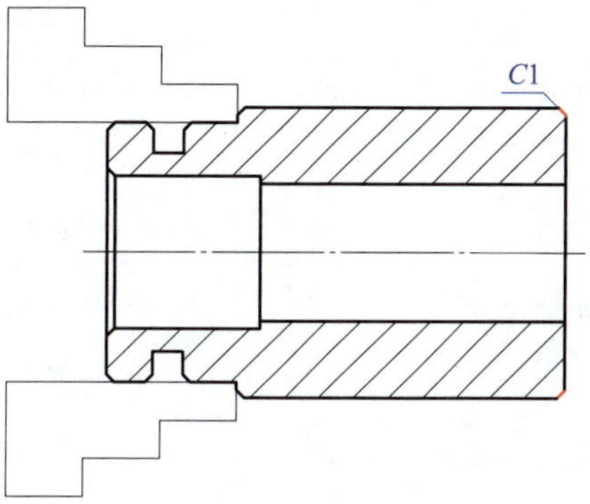 C1
	（4）	粗、精车 $\phi 32_{0}^{+0.039}$ mm 内孔至尺寸要求	$\phi 32_{0}^{+0.039}$ 40
	（5）	车 $C1$ mm 倒角	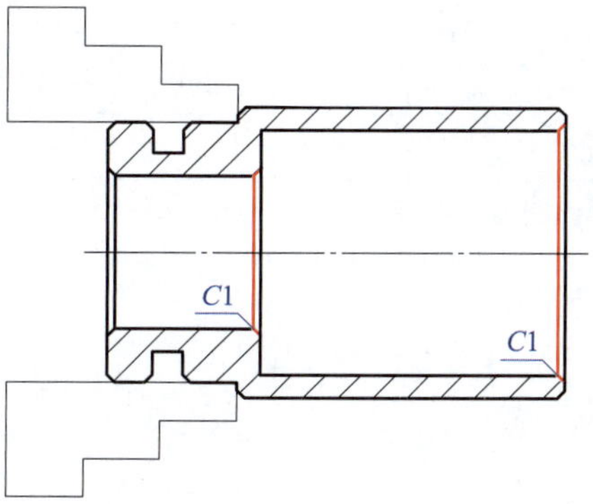 C1 C1
4. 检测		按零件图样尺寸进行检测	

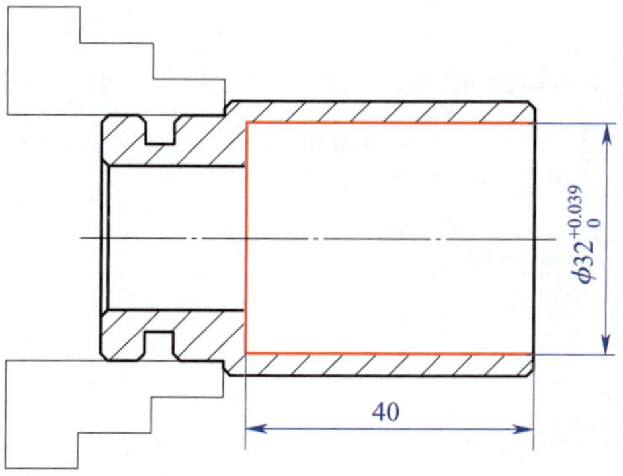

三、加工质量检测

表 9–2 为垫套加工质量检测表。

表 9–2　　　　垫套加工质量检测表

序号	考核项目	配分	考核内容及要求	评分标准	检测结果	得分
1	主要尺寸（48 分）	8	$\phi 20^{+0.033}_{0}$ mm	超差不得分		
2		8	$\phi 32^{+0.039}_{0}$ mm	超差不得分		
3		8	$\phi 26^{0}_{-0.052}$ mm × $4^{+0.1}_{0}$ mm	超差不得分		
4		8	$\phi 34^{0}_{-0.039}$ mm	超差不得分		
5		8	$\phi 38^{0}_{-0.039}$ mm	超差不得分		
6		8	↗ 0.03 A	超差不得分		
7	次要尺寸（28 分）	7	（43 ± 0.05）mm	超差不得分		
8		7	6 mm	超差不得分		
9		7	40 mm	超差不得分		
10		7	（60 ± 0.05）mm	超差不得分		
11	表面粗糙度（12 分）	4 × 2	*Ra*1.6 μm（4 处）	降级不得分		
12		8 × 0.5	*Ra*3.2 μm（8 处）	降级不得分		
13	主观评分（9 分）	3	已加工零件倒角、去毛刺符合图样要求，否则不得分			
14		3	已加工零件无划伤、碰伤和夹伤，否则不得分			
15		3	已加工零件与图样外形一致，否则不得分			
16	更换或添加毛坯（3 分）	3	更换或添加毛坯不得分			
17	职业素养		能正确穿戴工作服、工作鞋、安全帽和防护眼镜等个人防护用品。每违反一项，扣 2 分			
18			能规范使用设备、工具、量具和辅具。每违反操作规范一次，扣 2 分			
19			能做好设备清洁、保养工作。不清洁或不保养，扣 3 分；清洁或保养不彻底，扣 2 分			
总配分		100	总得分			

学习任务 10　端套普通车床加工

一、工作情境描述

某企业接到一批端套（图 10-1）零件的加工订单，数量为 50 件，材料为 45 钢，毛坯为 ϕ45 mm 长棒料，工期为 5 天，来料加工。现生产部门安排车工组完成此零件的车削加工。

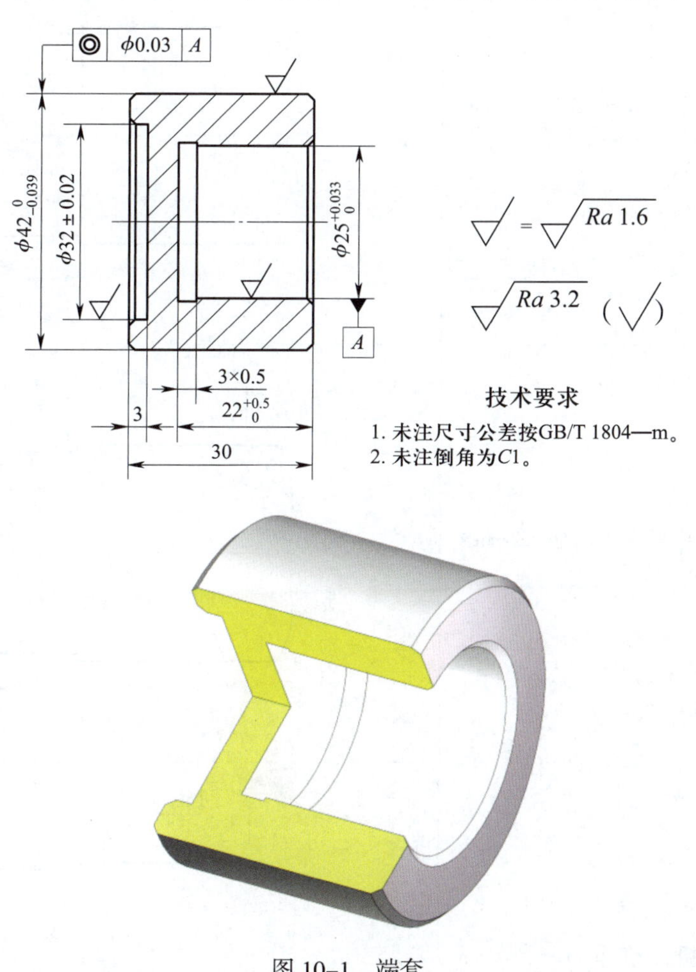

图 10-1　端套

二、加工工艺过程

端套普通车床加工工艺过程见表 10-1。

表 10-1 端套普通车床加工工艺过程

工序	工步	加工内容	图示
1. 车右端轮廓	（1）	车端面	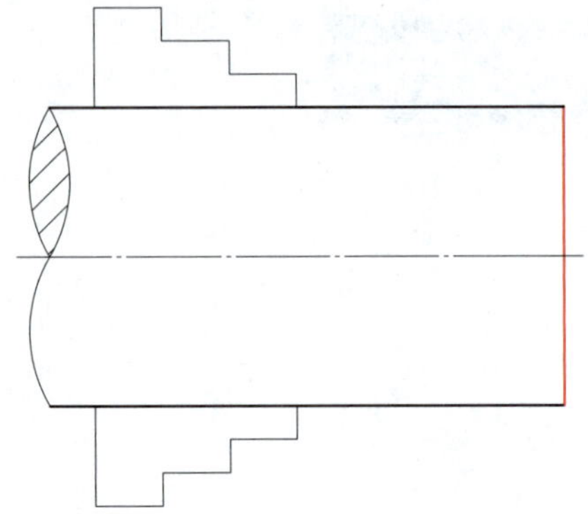
	（2）	粗、精车 $\phi 42_{-0.039}^{0}$ mm 外圆柱面至尺寸要求，并倒角	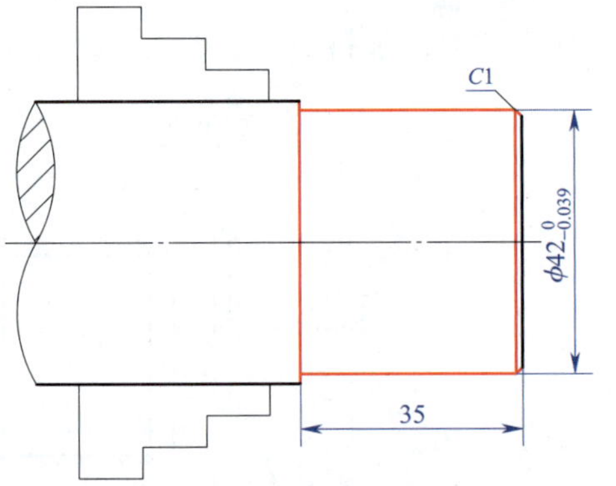 C1 $\phi 42_{-0.039}^{0}$ 35
	（3）	用平头钻钻 ϕ22 mm×21 mm 孔	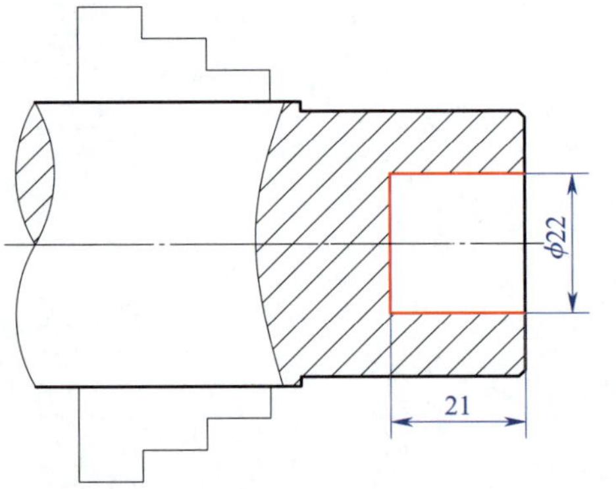 ϕ22 21
	（4）	粗、精车 $\phi 25_{0}^{+0.033}$ mm 内孔至尺寸要求	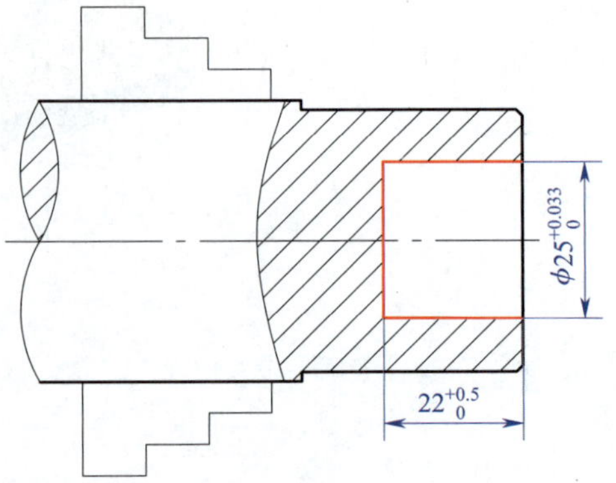 $\phi 25_{0}^{+0.033}$ $22_{0}^{+0.5}$

续表

工序	工步	加工内容	图示
1. 车右端轮廓	（5）	粗、精车 3 mm × 0.5 mm 内槽	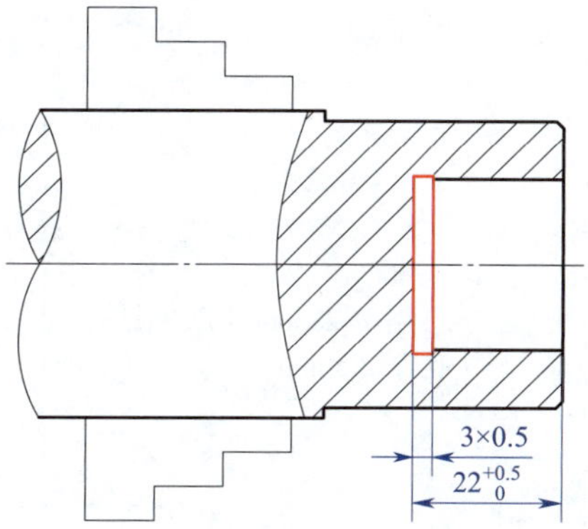 3×0.5 $22^{+0.5}_{0}$
	（6）	孔口倒角	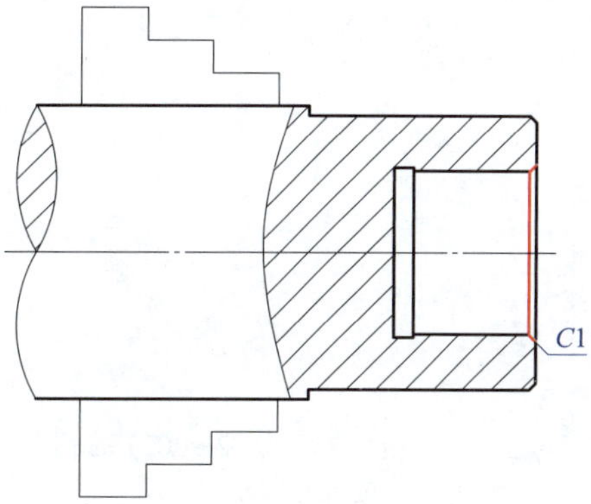 C1
	（7）	切断	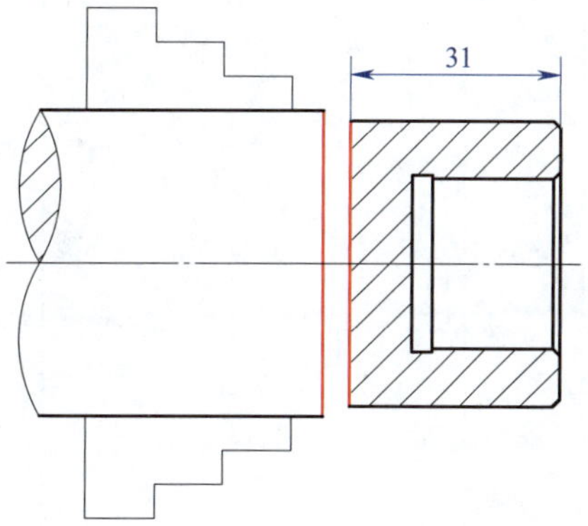 31
2. 加工左端轮廓	（1）	车端面控制总长，并倒角	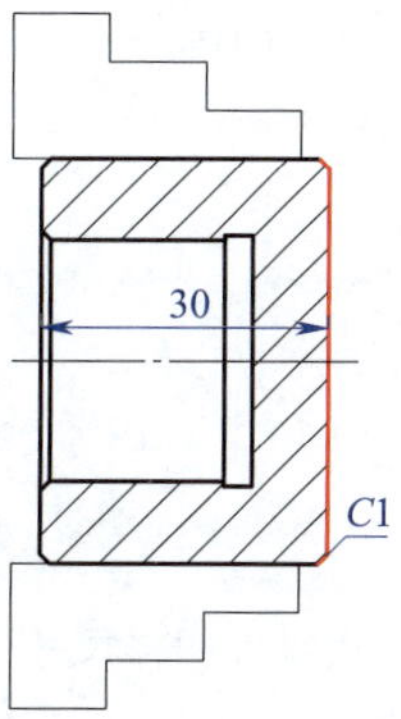 30 C1

续表

工序	工步	加工内容	图示
2. 加工左端轮廓	（2）	用 ϕ28 mm 平头钻钻孔，孔深 2.5 mm	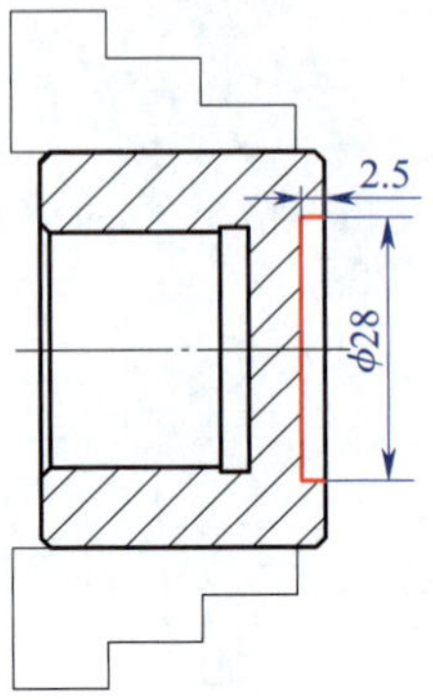
	（3）	粗、精车（ϕ32 ± 0.02）mm 内孔至尺寸要求	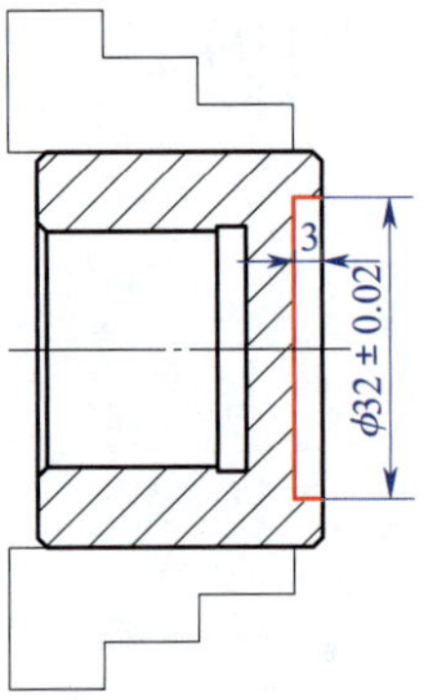
	（4）	孔口倒角	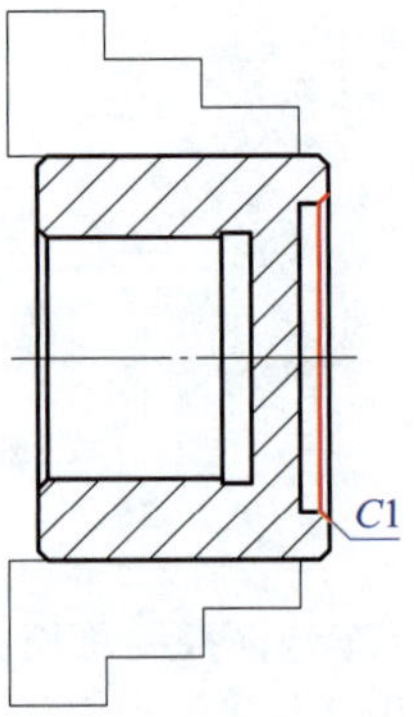
3. 检测		按零件图样尺寸进行检测	

三、加工质量检测

表 10-2 为端套加工质量检测表。

表 10-2　　端套加工质量检测表

序号	考核项目	配分	考核内容及要求	评分标准	检测结果	得分
1	主要尺寸（50 分）	10	$\phi 25^{+0.033}_{0}$ mm	超差不得分		
2		10	$\phi 42^{0}_{-0.039}$ mm	超差不得分		
3		10	（$\phi 32 \pm 0.02$）mm	超差不得分		
4		10	3 mm × 0.5 mm	超差不得分		
5		10	◎ ϕ0.03 A	超差不得分		
6	次要尺寸（27 分）	9	3 mm	超差不得分		
7		9	$22^{+0.5}_{0}$ mm	超差不得分		
8		9	30 mm	超差不得分		
9	表面粗糙度（11 分）	3 × 2	*Ra*1.6 μm（3 处）	降级不得分		
10		5 × 1	*Ra*3.2 μm（5 处）	降级不得分		
11	主观评分（9 分）	3	已加工零件倒角、去毛刺符合图样要求，否则不得分			
12		3	已加工零件无划伤、碰伤和夹伤，否则不得分			
13		3	已加工零件与图样外形一致，否则不得分			
14	更换或添加毛坯（3 分）	3	更换或添加毛坯不得分			
15	职业素养		能正确穿戴工作服、工作鞋、安全帽和防护眼镜等个人防护用品。每违反一项，扣 2 分			
16			能规范使用设备、工具、量具和辅具。每违反操作规范一次，扣 2 分			
17			能做好设备清洁、保养工作。不清洁或不保养，扣 3 分；清洁或保养不彻底，扣 2 分			
总配分		100	总得分			

学习任务 11　衬套普通车床加工

一、工作情境描述

某企业接到一批衬套（图 11–1）零件的加工订单，数量为 30 件，材料为 45 钢，毛坯为 ϕ42 mm × 35 mm 棒料，工期为 5 天，来料加工。现生产部门安排车工组完成此零件的车削加工。

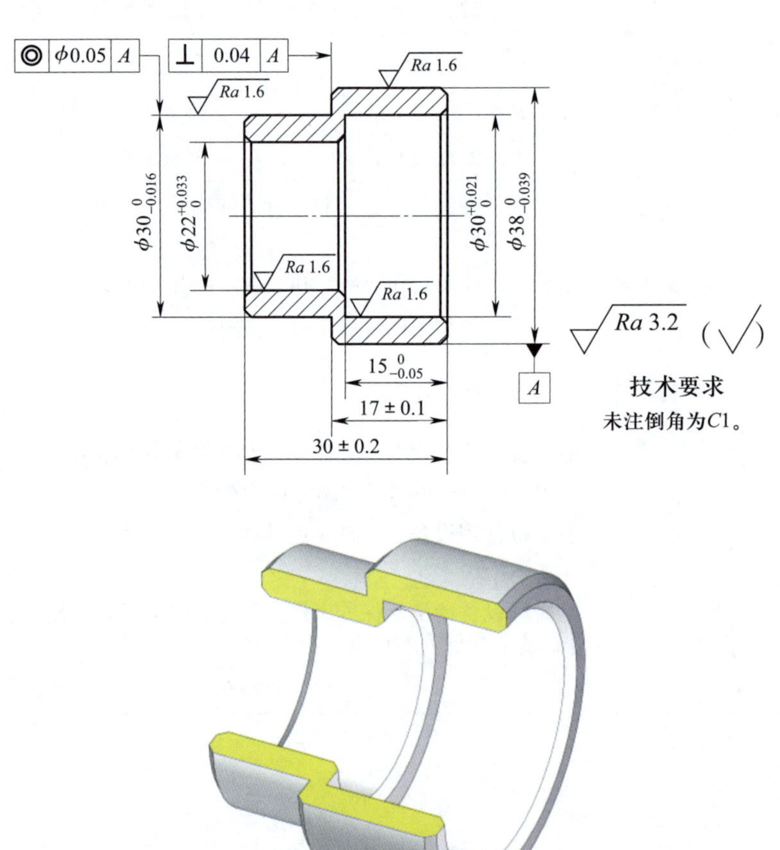

图 11–1　衬套

二、加工工艺过程

衬套普通车床加工工艺过程见表 11–1。

表 11-1　　衬套普通车床加工工艺过程

工序	工步	加工内容	图示
1. 粗车左端轮廓	（1）	车端面	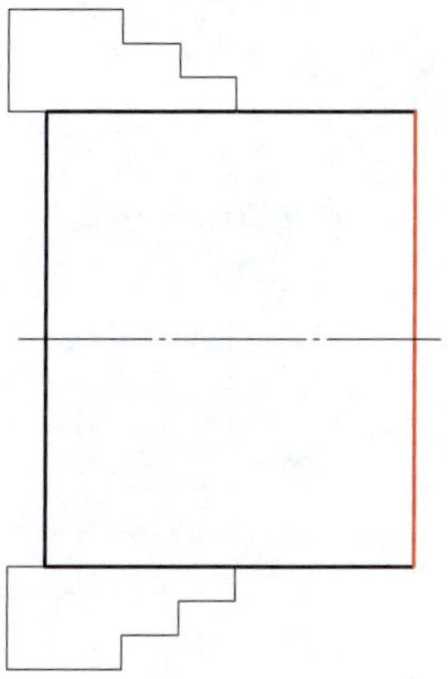
	（2）	粗车 ϕ31 mm × 12 mm 台阶	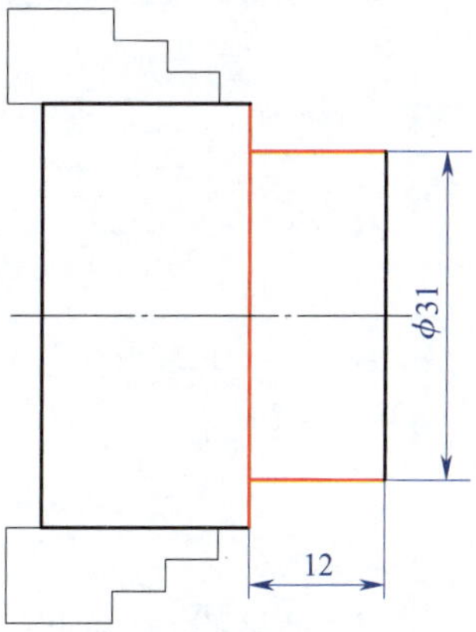 ϕ31 12
2. 粗、精加工右端轮廓	（1）	车端面，控制总长为 30.5 mm	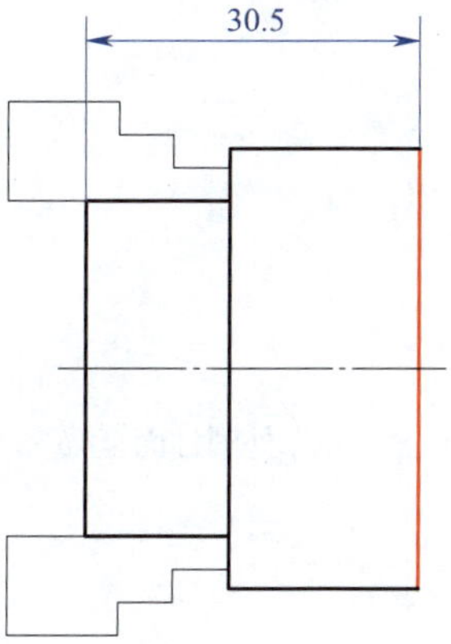 30.5

续表

工序	工步	加工内容	图示
2. 粗、精加工右端轮廓	（2）	钻 ϕ20 mm 通孔	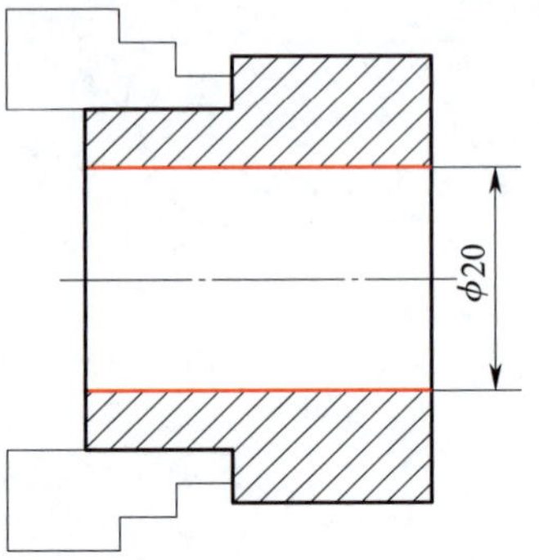 $\phi20$
	（3）	粗车通孔至 ϕ21 mm，粗车 ϕ29 mm × 14.5 mm 台阶孔	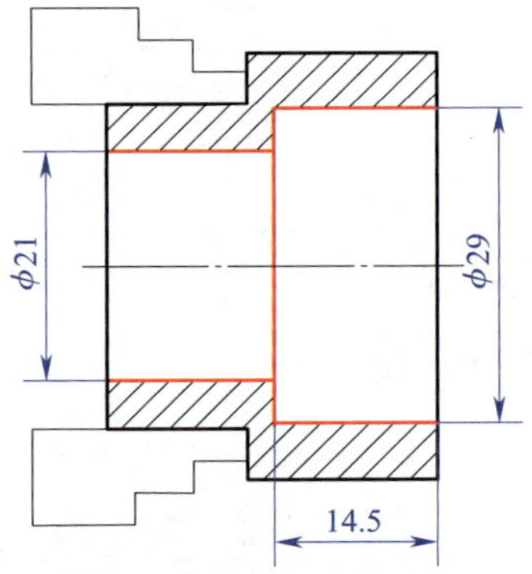 $\phi21$ $\phi29$ 14.5
	（4）	精车$\phi22^{+0.033}_{0}$ mm、$\phi30^{+0.021}_{0}$ mm孔至尺寸要求	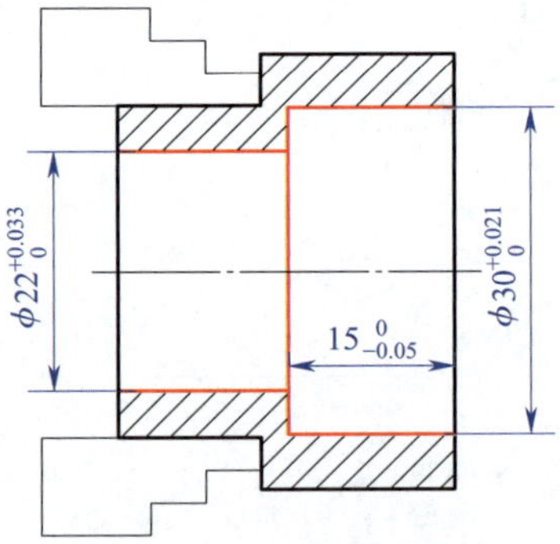 $\phi22^{+0.033}_{0}$ $15^{0}_{-0.05}$ $\phi30^{+0.021}_{0}$
	（5）	粗车外圆柱面至 ϕ38.5 mm	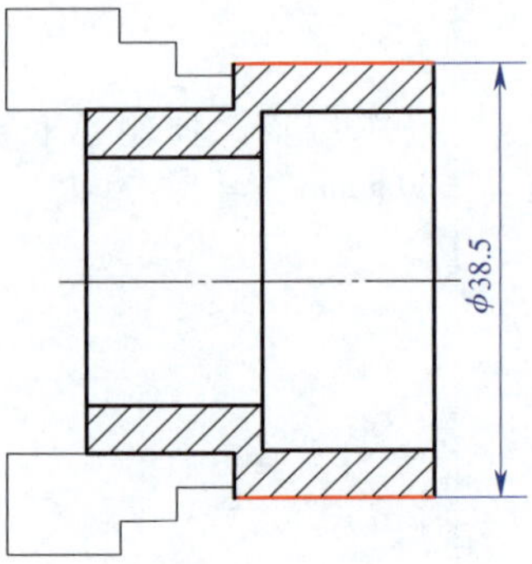 $\phi38.5$

续表

工序	工步	加工内容	图示
2. 粗、精加工右端轮廓	（6）	精车 $\phi 38_{-0.039}^{\ 0}$ mm 外圆柱面至尺寸要求	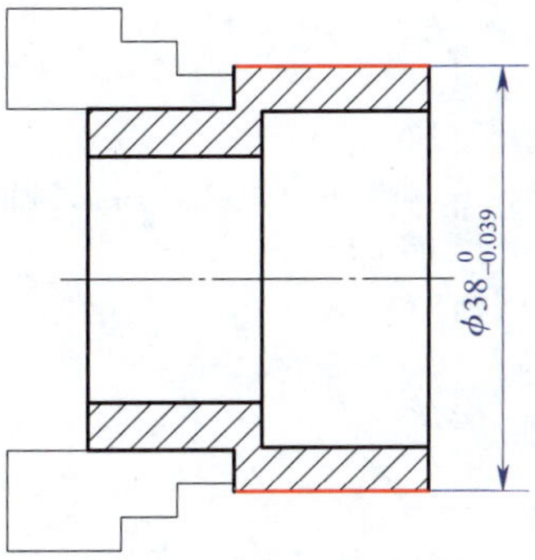 $\phi 38_{-0.039}^{\ 0}$
	（7）	车内、外三处 $C1$ mm 倒角	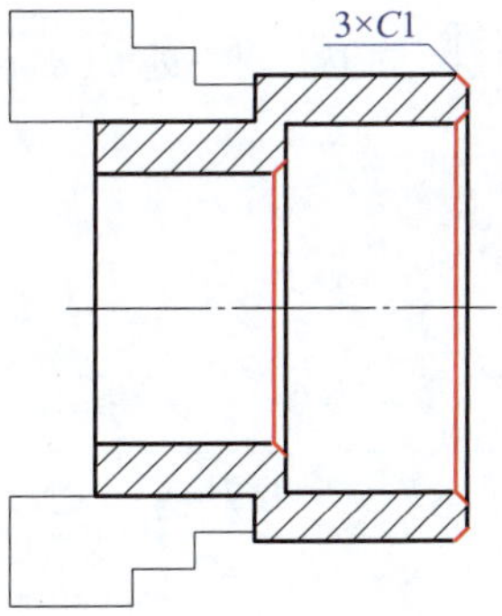 3×$C1$
3. 精车左端轮廓	（1）	车端面，控制总长（30 ± 0.2）mm	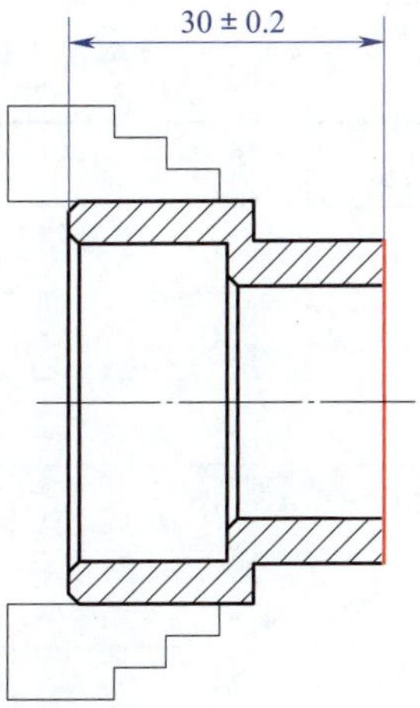 30 ± 0.2

续表

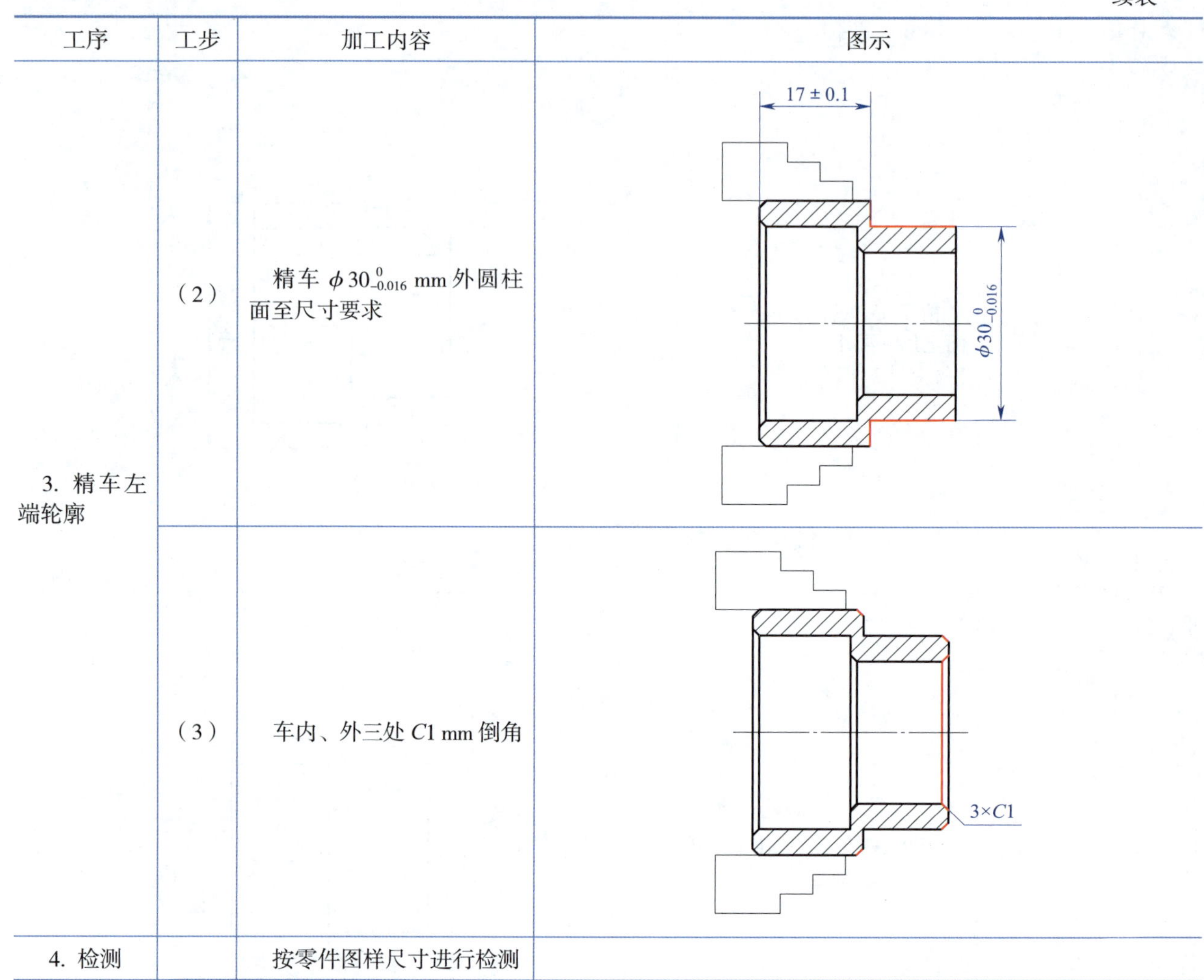

工序	工步	加工内容	图示
3. 精车左端轮廓	（2）	精车 $\phi30_{-0.016}^{0}$ mm 外圆柱面至尺寸要求	17 ± 0.1 $\phi30_{-0.016}^{0}$
	（3）	车内、外三处 $C1$ mm 倒角	3×$C1$
4. 检测		按零件图样尺寸进行检测	

三、加工质量检测

表 11–2 为衬套加工质量检测表。

表 11–2　　衬套加工质量检测表

序号	考核项目	配分	考核内容及要求	评分标准	检测结果	得分
1	主要尺寸（60 分）	10	$\phi38_{-0.039}^{0}$ mm	超差不得分		
2		10	$\phi30_{-0.016}^{0}$ mm	超差不得分		
3		10	$\phi30_{0}^{+0.021}$ mm	超差不得分		
4		10	$\phi22_{0}^{+0.033}$ mm	超差不得分		
5		10	◎ | ϕ0.05 | A	超差不得分		
6		10	⊥ | 0.04 | A	超差不得分		

续表

序号	考核项目	配分	考核内容及要求	评分标准	检测结果	得分
7	次要尺寸（12 分）	4	（30 ± 0.2）mm	超差不得分		
8		4	（17 ± 0.1）mm	超差不得分		
9		4	$15_{-0.05}^{0}$ mm	超差不得分		
10	表面粗糙度（16 分）	4 × 3	*Ra*1.6 μm（4 处）	降级不得分		
11		4 × 1	*Ra*3.2 μm（4 处）	降级不得分		
12	主观评分（9 分）	3	已加工零件倒角、去毛刺符合图样要求，否则不得分			
13		3	已加工零件无划伤、碰伤和夹伤，否则不得分			
14		3	已加工零件与图样外形一致，否则不得分			
15	更换或添加毛坯（3 分）	3	更换或添加毛坯不得分			
16	职业素养		能正确穿戴工作服、工作鞋、安全帽和防护眼镜等个人防护用品。每违反一项，扣 2 分			
17			能规范使用设备、工具、量具和辅具。每违反操作规范一次，扣 2 分			
18			能做好设备清洁、保养工作。不清洁或不保养，扣 3 分；清洁或保养不彻底，扣 2 分			
总配分		100	总得分			

学习任务12　心轴普通车床加工

一、工作情境描述

某企业接到一批心轴（图 12–1）零件的加工订单，数量为 50 件，材料为 45 钢，毛坯为 ϕ 35 mm × 112 mm 棒料，工期为 5 天，来料加工。现生产部门安排车工组完成此零件的车削加工。

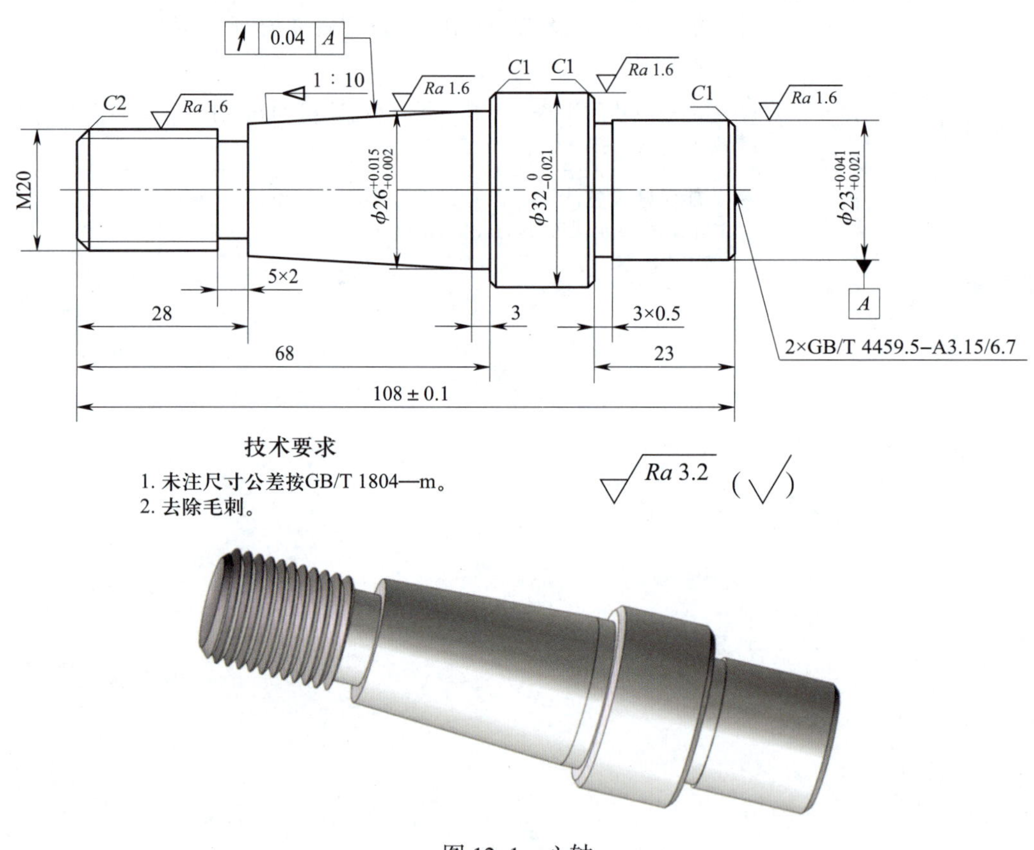

图 12–1　心轴

二、加工工艺过程

如果心轴加工批量较大，可采用如下加工方案：先粗加工右端，再粗加工左端，然后采用两顶尖装夹，用左偏刀、右偏刀精车左、右两端，最后切槽和加工螺纹。本次任务心轴加工数量较少，可采用表 12–1 所列心轴普通车床加工工艺过程进行加工。

表 12–1　　**心轴普通车床加工工艺过程**

工序	工步	加工内容	图示
1. 车右端轮廓	（1）	车端面，钻中心孔	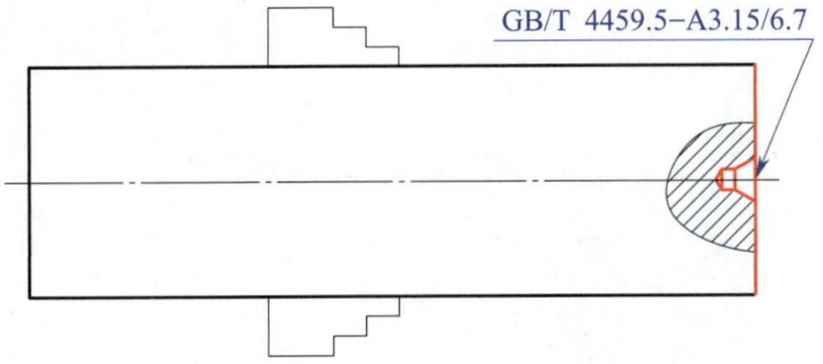 GB/T 4459.5–A3.15/6.7
	（2）	粗车 ϕ33 mm × 41 mm、ϕ24 mm × 22.5 mm 两个台阶	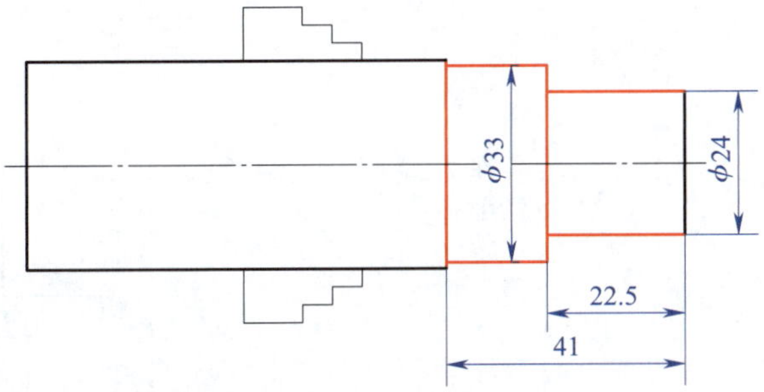 ϕ33　ϕ24　22.5　41
	（3）	精车两个台阶至尺寸要求	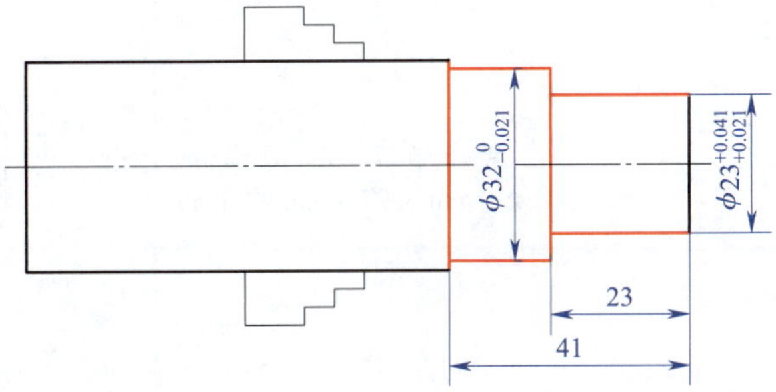 $\phi32_{-0.021}^{0}$　$\phi23_{+0.021}^{+0.041}$　23　41
	（4）	车 $C1$ mm 倒角	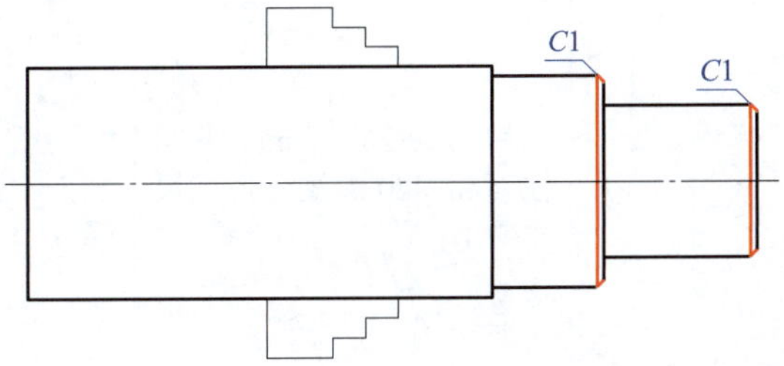 $C1$　$C1$

续表

工序	工步	加工内容	图示
1. 车右端轮廓	（5）	车 3 mm × 0.5 mm 退刀槽	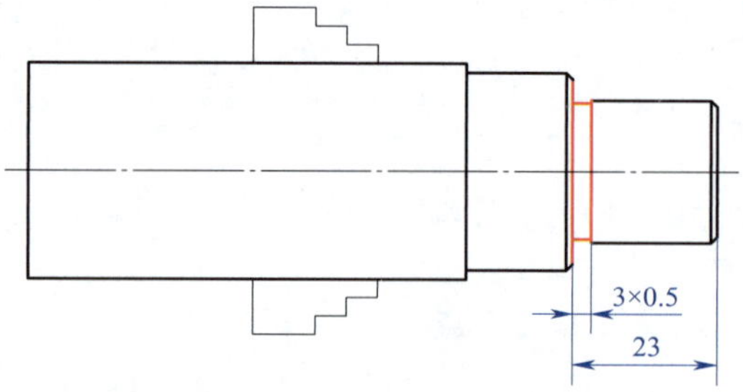
2. 车左端轮廓	（1）	车左端面，控制总长，钻中心孔	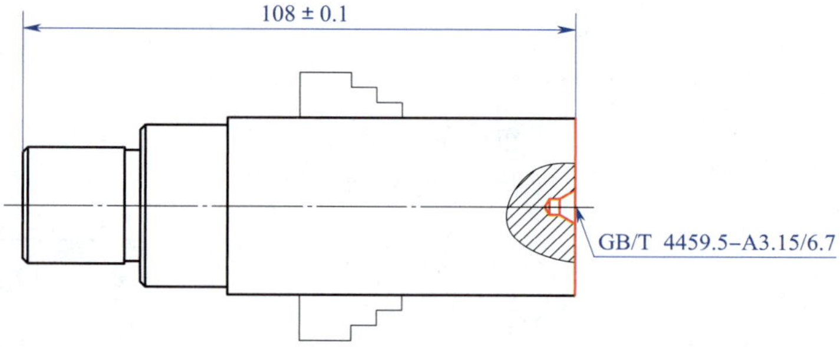
	（2）	粗车 ϕ27 mm × 67.5 mm、ϕ21 mm × 27.5 mm 两个台阶	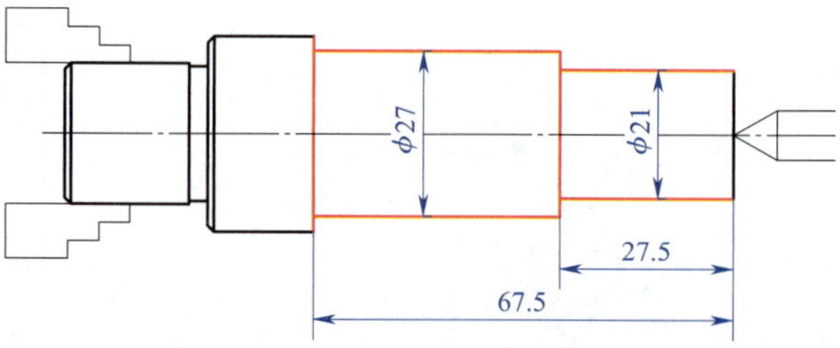
	（3）	精车 $\phi 26^{+0.015}_{+0.002}$ mm 外圆柱面和 M20 螺纹外径至尺寸要求	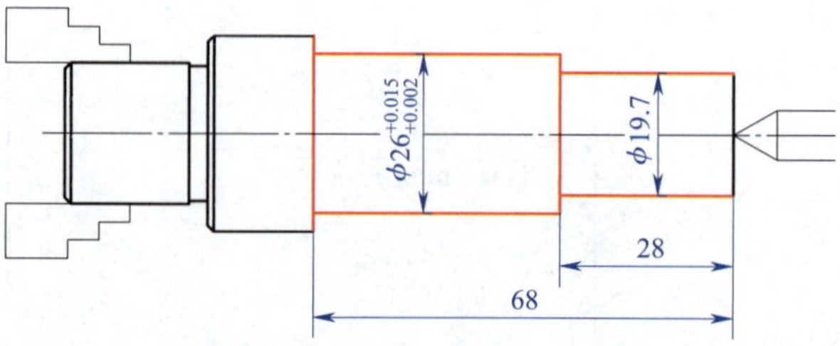

续表

工序	工步	加工内容	图示
2. 车左端轮廓	（4）	粗、精车锥度为 1∶10 圆台	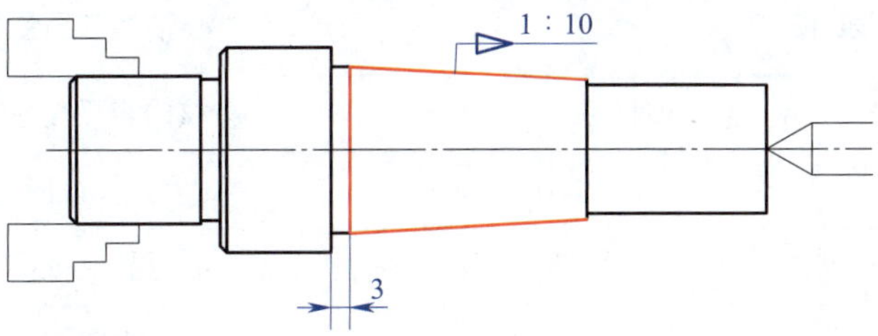 1∶10 3
	（5）	车 *C*1 mm、*C*2 mm 倒角	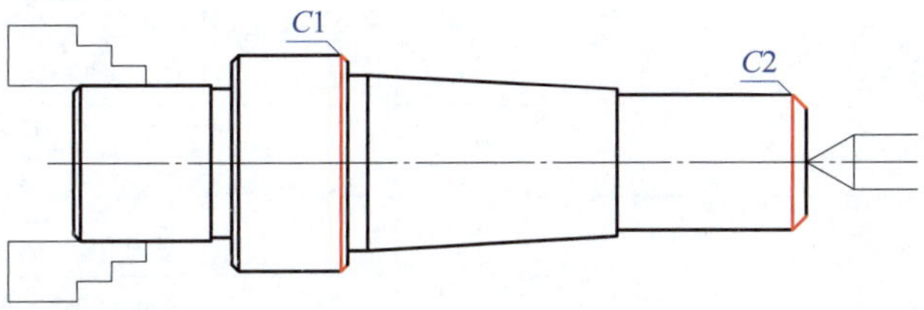 *C*1 *C*2
	（6）	车 5 mm × 2 mm 槽	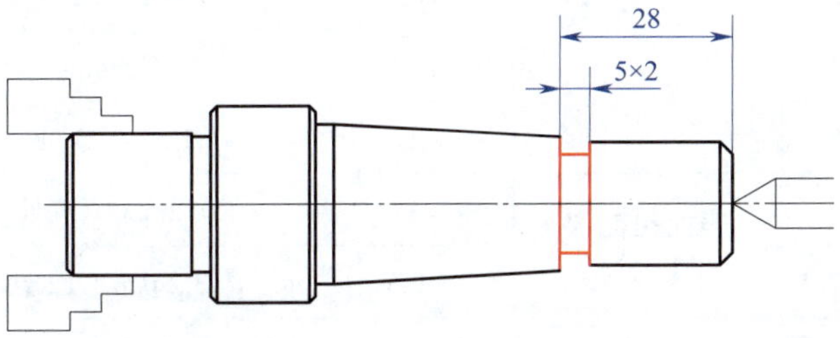 28 5×2
	（7）	粗、精车 M20 螺纹至尺寸要求	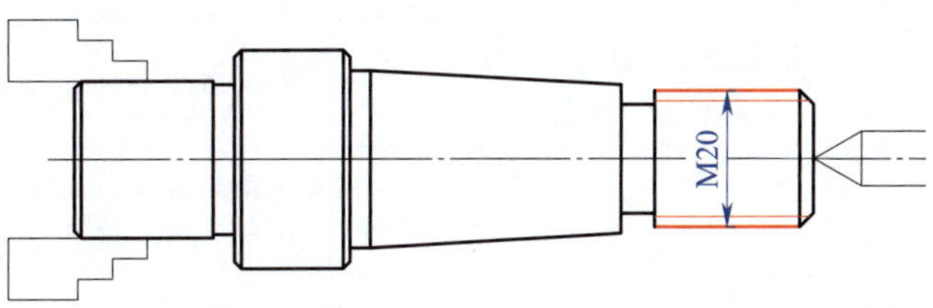 M20
3. 检测		按零件图样尺寸进行检测	

三、加工质量检测

表 12–2 为心轴加工质量检测表。

表 12–2　　心轴加工质量检测表

序号	考核项目	配分	考核内容及要求	评分标准	检测结果	得分
1	主要尺寸（53 分）	6	$\phi 23^{+0.041}_{+0.021}$ mm	超差不得分		
2		6	$\phi 32^{\ 0}_{-0.021}$ mm	超差不得分		
3		6	$\phi 26^{+0.015}_{+0.002}$ mm	超差不得分		
4		7	M20	超差不得分		
5		7	3 mm × 0.5 mm	超差不得分		
6		7	5 mm × 2 mm	超差不得分		
7		7	1：10 圆台	超差不得分		
8		7	↗ 0.04 *A*	超差不得分		
9	次要尺寸（25 分）	4	3 mm	超差不得分		
10		4	23 mm	超差不得分		
11		4	28 mm	超差不得分		
12		4	68 mm	超差不得分		
13		4	（108 ± 0.1）mm	超差不得分		
14		2	*C*2 mm	超差不得分		
15		3 × 1	*C*1 mm（3 处）	超差不得分		
16	表面粗糙度（10 分）	4 × 1	*Ra*1.6 μm（4 处）	降级不得分		
17		12 × 0.5	*Ra*3.2 μm（12 处）	降级不得分		
18	主观评分（9 分）	3	已加工零件倒角、去毛刺符合图样要求，否则不得分			
19		3	已加工零件无划伤、碰伤和夹伤，否则不得分			
20		3	已加工零件与图样外形一致，否则不得分			
21	更换或添加毛坯（3 分）	3	更换或添加毛坯不得分			
22	职业素养		能正确穿戴工作服、工作鞋、安全帽和防护眼镜等个人防护用品。每违反一项，扣 2 分			
23			能规范使用设备、工具、量具和辅具。每违反操作规范一次，扣 2 分			
24			能做好设备清洁、保养工作。不清洁或不保养，扣 3 分；清洁或保养不彻底，扣 2 分			
总配分		100	总得分			

学习任务 13　球头手柄普通车床加工

一、工作情境描述

某企业接到一批球头手柄（图 13-1）零件的加工订单，数量为 30 件，材料为 45 钢，毛坯为 ϕ45 mm × 100 mm 棒料，工期为 5 天，来料加工。现生产部门安排车工组完成此零件的车削加工。

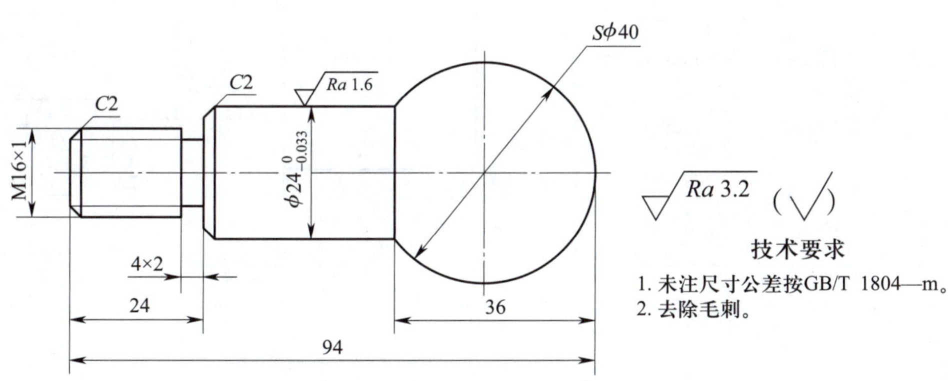

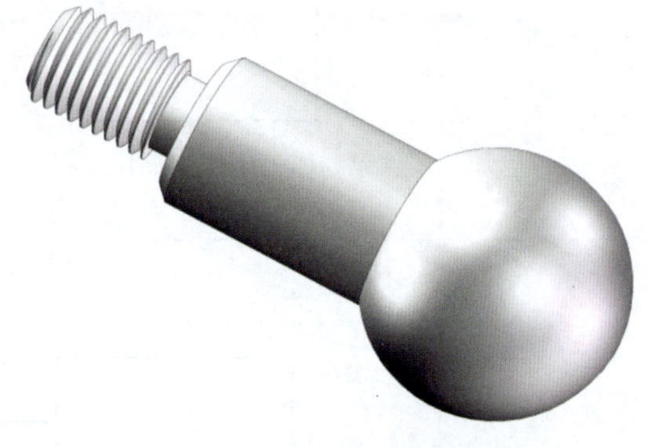

图 13-1　球头手柄

二、加工工艺过程

球头手柄普通车床加工工艺过程见表 13-1。

表 13–1 **球头手柄普通车床加工工艺过程**

工序	工步	加工内容	图示
1. 车左端轮廓	（1）	车左端面，车平即可	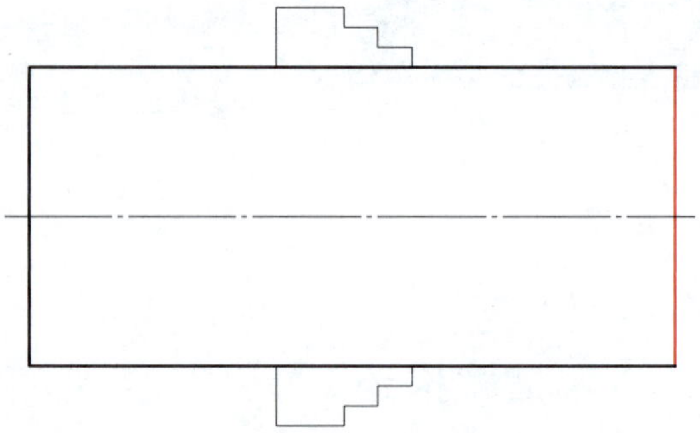
	（2）	粗车 ϕ25 mm × 57.5 mm、ϕ17 mm × 23.5 mm 两个台阶	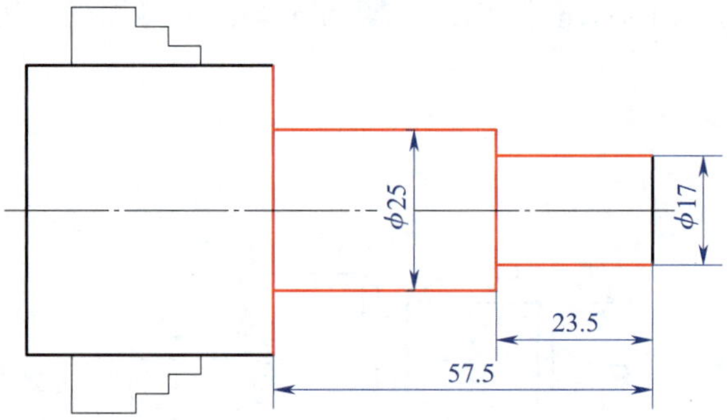 ϕ25 ϕ17 23.5 57.5
	（3）	精车两个台阶至尺寸要求	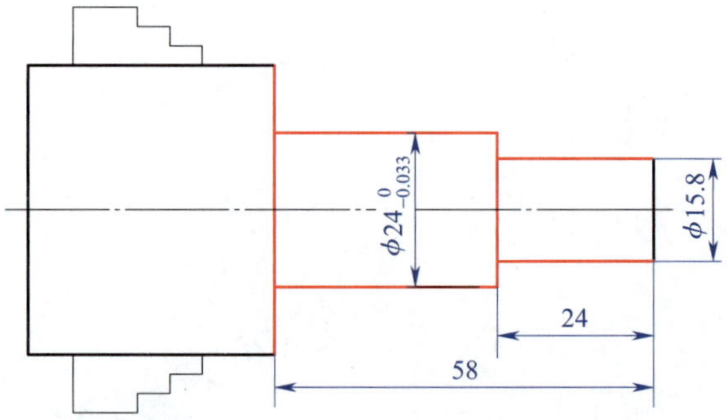 $\phi 24^{0}_{-0.033}$ ϕ15.8 24 58
	（4）	车两处 *C*2 mm 倒角	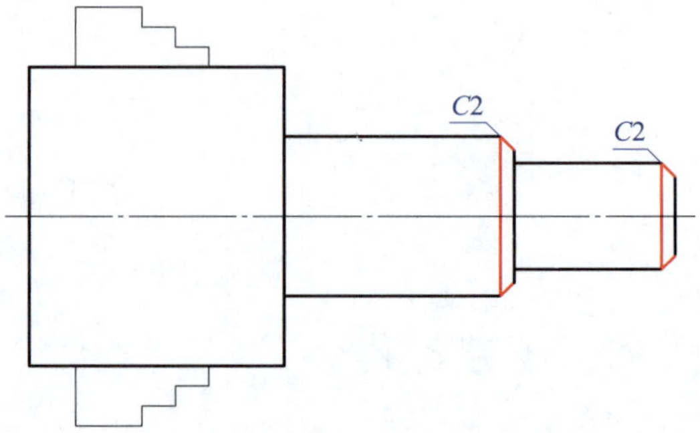 *C*2 *C*2

续表

工序	工步	加工内容	图示
1. 车左端轮廓	（5）	车 4 mm×2 mm 槽，保证尺寸要求	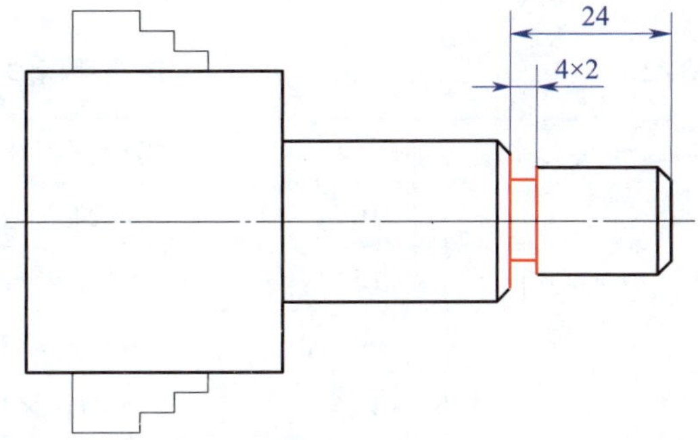 24 4×2
	（6）	粗、精车 M16×1 螺纹至尺寸要求	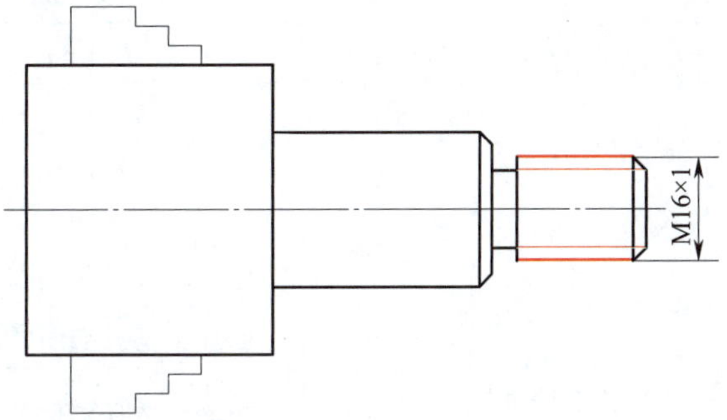 M16×1
2. 车右端轮廓	（1）	车端面，控制总长	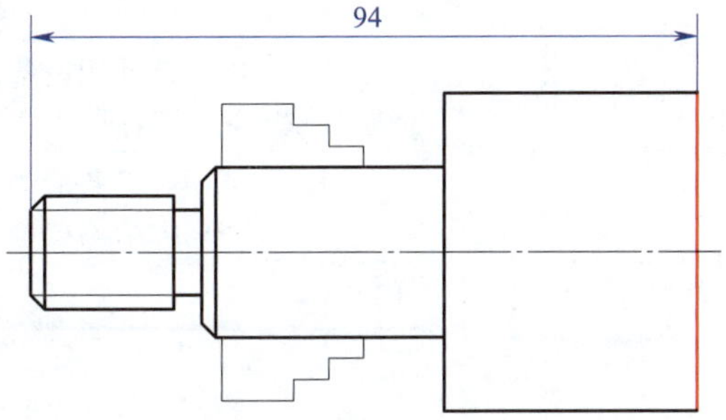 94
	（2）	应用圆弧车刀粗、精车 $S\phi 40$ mm 球体至尺寸要求	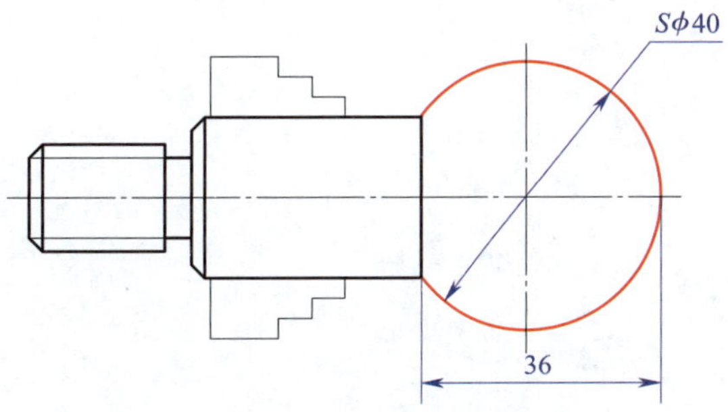 $S\phi 40$ 36
3. 检测		按零件图样尺寸进行检测	

三、加工质量检测

表 13–2 为球头手柄加工质量检测表。

表 13–2　　球头手柄加工质量检测表

序号	考核项目	配分	考核内容及要求	评分标准	检测结果	得分
1	主要尺寸（56 分）	16	$\phi 24_{-0.033}^{0}$ mm	超差不得分		
2		16	$S\phi 40$ mm	超差不得分		
3		10	4 mm × 2 mm	超差不得分		
4		14	M16 × 1	超差不得分		
5	次要尺寸（22 分）	10	24 mm	超差不得分		
6		12	94 mm	超差不得分		
7	表面粗糙度（10 分）	2	Ra1.6 μm	降级不得分		
8		8 × 1	Ra3.2 μm（8 处）	降级不得分		
9	主观评分（9 分）	3	已加工零件倒角、去毛刺符合图样要求，否则不得分			
10		3	已加工零件无划伤、碰伤和夹伤，否则不得分			
11		3	已加工零件与图样外形一致，否则不得分			
12	更换或添加毛坯（3 分）	3	更换或添加毛坯不得分			
13	职业素养		能正确穿戴工作服、工作鞋、安全帽和防护眼镜等个人防护用品。每违反一项，扣 2 分			
14			能规范使用设备、工具、量具和辅具。每违反操作规范一次，扣 2 分			
15			能做好设备清洁、保养工作。不清洁或不保养，扣 3 分；清洁或保养不彻底，扣 2 分			
总配分		100	总得分			

学习任务 14　止端套普通车床加工

一、工作情境描述

某企业接到一批止端套（图 14–1）零件的加工订单，数量为 50 件，材料为 45 钢，毛坯为 ϕ55 mm × 105 mm 棒料，工期为 5 天，来料加工。现生产部门安排车工组完成此零件的车削加工。

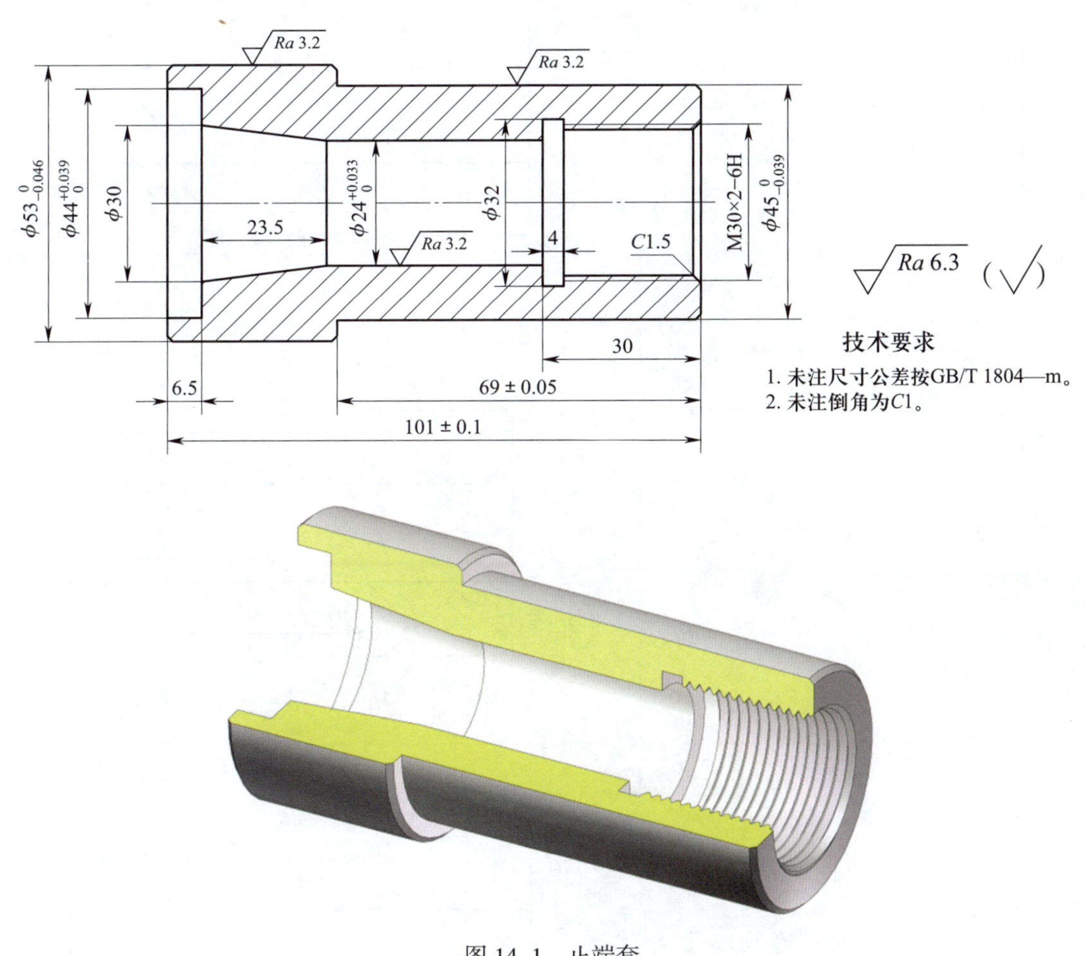

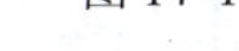

图 14–1　止端套

二、加工工艺过程

止端套普通车床加工工艺过程见表 14–1。

表 14–1 止端套普通车床加工工艺过程

工序	工步	加工内容	图示
1. 车端面，钻通孔		车右端面，钻 ϕ22 mm 通孔	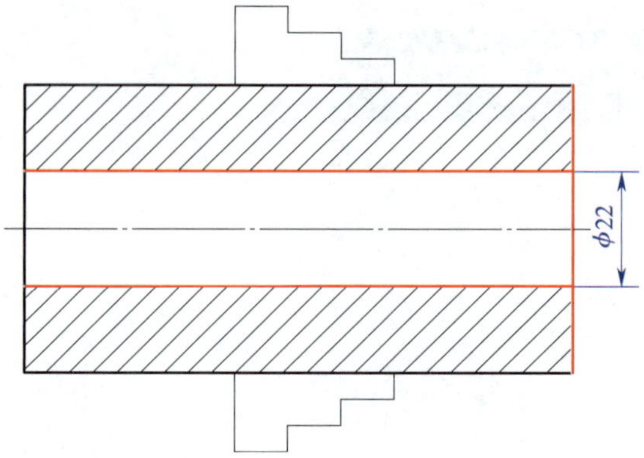 ϕ22
2. 车右端轮廓	（1）	粗、精车 $\phi 45_{-0.039}^{0}$ mm 外圆柱面至尺寸要求	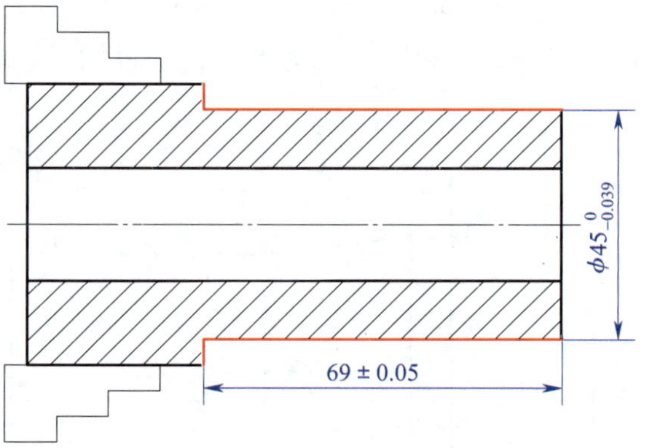 $\phi 45_{-0.039}^{0}$ 69 ± 0.05
	（2）	车两处倒角	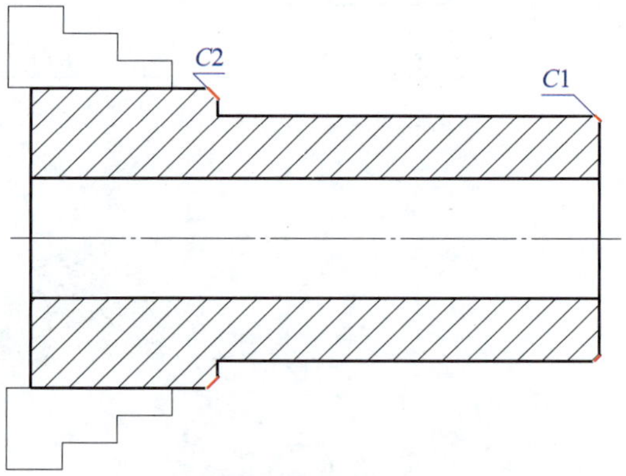 C2 C1
	（3）	粗、精车螺纹底孔至 ϕ27.8 mm × 30 mm	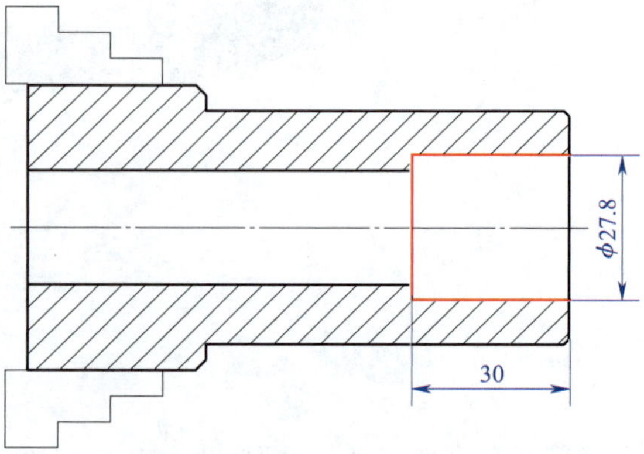 ϕ27.8 30

续表

工序	工步	加工内容	图示
2. 车右端轮廓	（4）	车 *C*1.5 mm 倒角	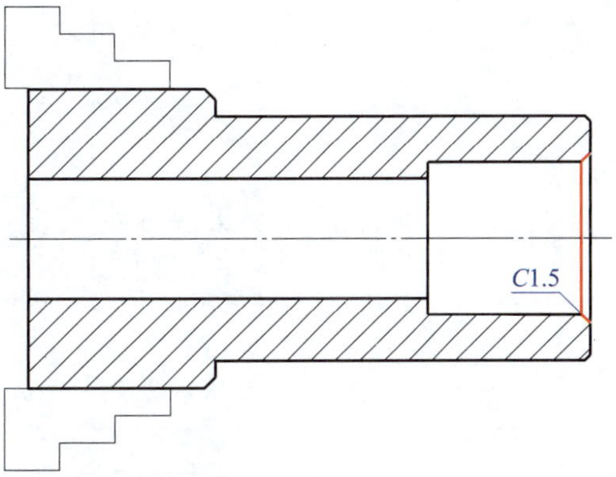 *C*1.5
	（5）	粗、精车 ϕ32 mm×4 mm 内槽	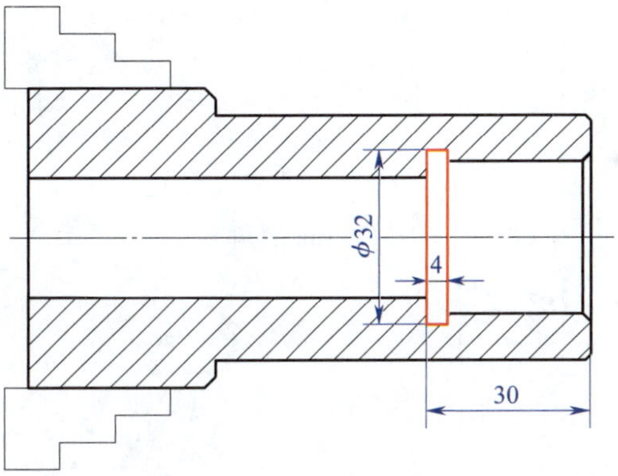 ϕ32 4 30
	（6）	车 M30×2-6H 内螺纹	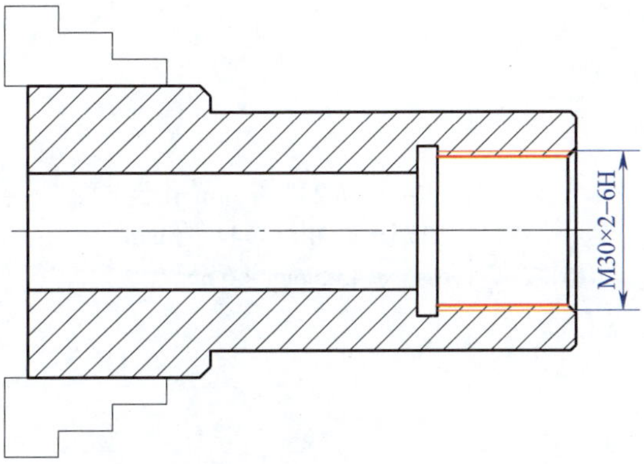 M30×2-6H
3. 车左端轮廓	（1）	车端面，控制总长（101±0.1）mm	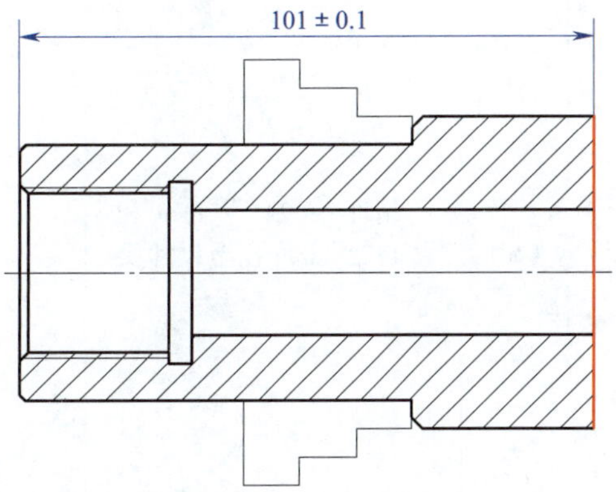 101±0.1

续表

工序	工步	加工内容	图示
3. 车左端轮廓	（2）	粗、精车 $\phi 53_{-0.046}^{0}$ mm 外圆柱面至尺寸要求	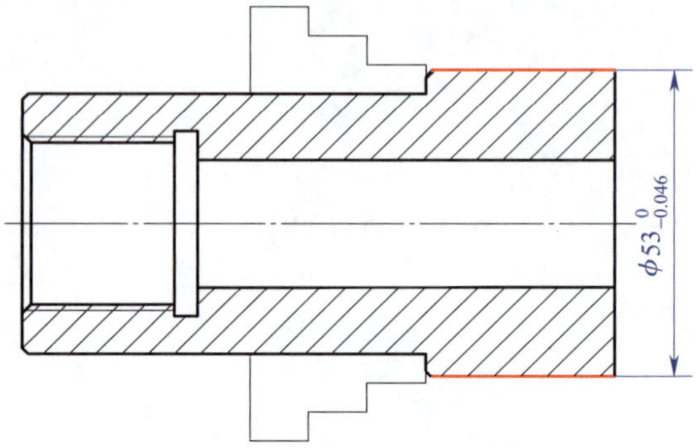
	（3）	车 $C1$ mm 倒角	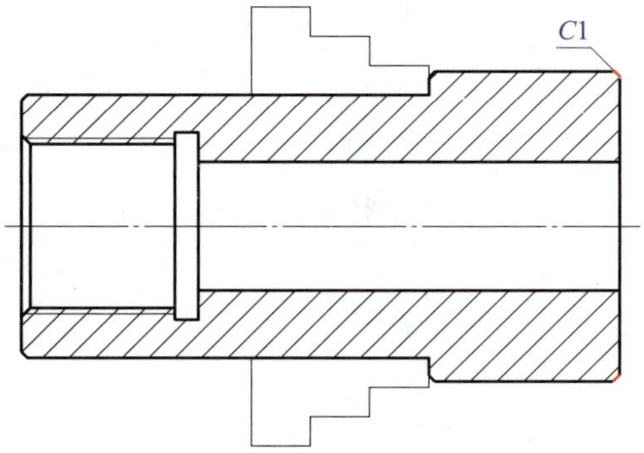
	（4）	粗车 $\phi 24_{0}^{+0.033}$ mm 孔至 $\phi 23.5$ mm，粗车 $\phi 44_{0}^{+0.039}$ mm 孔至 $\phi 43.5$ mm × 6 mm	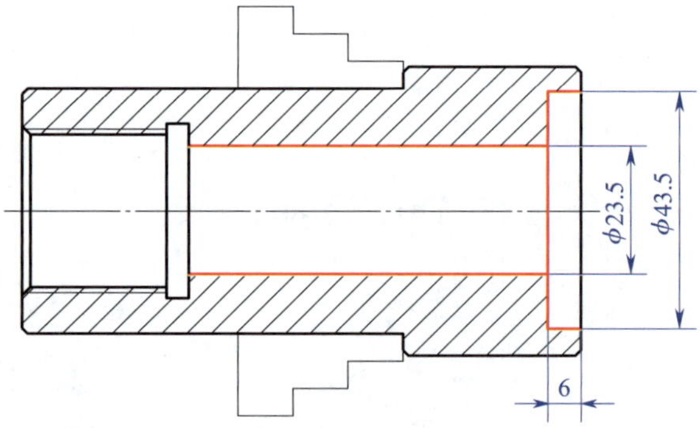
	（5）	精车 $\phi 24_{0}^{+0.033}$ mm 和 $\phi 44_{0}^{+0.039}$ mm 孔至尺寸要求	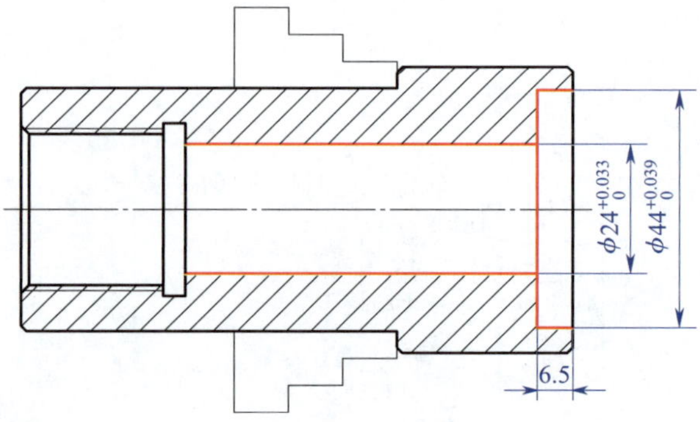

续表

工序	工步	加工内容	图示
3. 车左端轮廓	（6）	粗、精车内锥孔至尺寸要求	23.5 $\phi30$
4. 检测		按零件图样尺寸进行检测	

三、加工质量检测

表 14–2 为止端套加工质量检测表。

表 14–2 止端套加工质量检测表

序号	考核项目	配分	考核内容及要求	评分标准	检测结果	得分
1	主要尺寸（48 分）	8	$\phi\,24^{+0.033}_{0}$ mm	超差不得分		
2		8	$\phi\,44^{+0.039}_{0}$ mm	超差不得分		
3		8	内锥孔（大端直径为 30 mm，内锥孔长度为 23.5 mm）	超差不得分		
4		8	M30 × 2–6H	超差不得分		
5		8	$\phi\,53^{0}_{-0.046}$ mm	超差不得分		
6		8	$\phi\,45^{0}_{-0.039}$ mm	超差不得分		
7	次要尺寸（28 分）	5	6.5 mm	超差不得分		
8		6	（101 ± 0.1）mm	超差不得分		
9		5	30 mm	超差不得分		
10		6	（69 ± 0.05）mm	超差不得分		
11		6	内槽：ϕ 32 mm × 4 mm	超差不得分		
12	表面粗糙度（12 分）	3 × 2	*Ra*3.2 μm（3 处）	降级不得分		
13		6 × 1	*Ra*6.3 μm（6 处）	降级不得分		
14	主观评分（9 分）	3	已加工零件倒角、去毛刺符合图样要求，否则不得分			
15		3	已加工零件无划伤、碰伤和夹伤，否则不得分			
16		3	已加工零件与图样外形一致，否则不得分			

续表

序号	考核项目	配分	考核内容及要求	评分标准	检测结果	得分
17	更换或添加毛坯（3分）	3	更换或添加毛坯不得分			
18	职业素养		能正确穿戴工作服、工作鞋、安全帽和防护眼镜等个人防护用品。每违反一项，扣2分			
19			能规范使用设备、工具、量具和辅具。每违反操作规范一次，扣2分			
20			能做好设备清洁、保养工作。不清洁或不保养，扣3分；清洁或保养不彻底，扣2分			
总配分		100	总得分			

学习任务 15　中间齿轮套普通车床加工

一、工作情境描述

某企业接到一批中间齿轮套（图 15-1）零件的加工订单，数量为 50 件，材料为 45 钢，毛坯为 ϕ80 mm 长棒料，工期为 7 天，来料加工。现生产部门安排车工组完成此零件的车削加工。

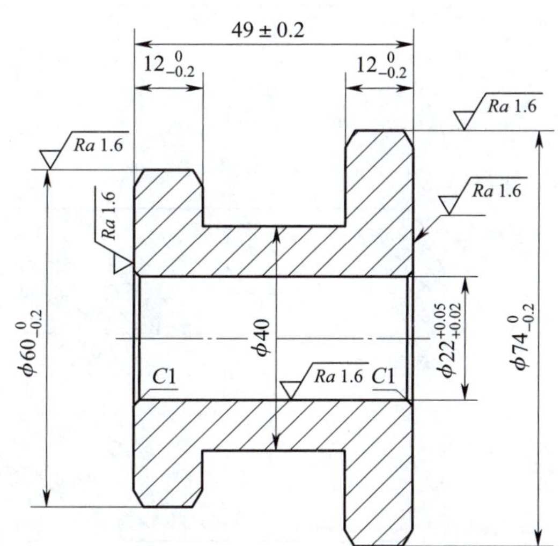

$\sqrt{Ra\ 3.2}$ （$\sqrt{}$）

技术要求

1. 未注尺寸公差按GB/T 1804—m。
2. 未注倒角为3×30°。

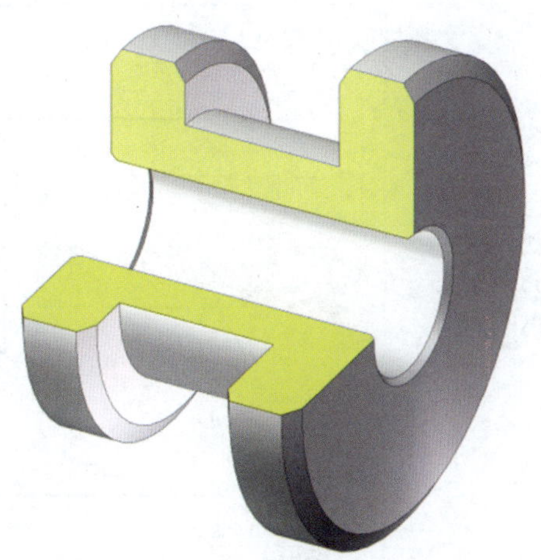

图 15-1　中间齿轮套

二、加工工艺过程

中间齿轮套普通车床加工工艺过程见表 15–1。

表 15–1 中间齿轮套普通车床加工工艺过程

工序	工步	加工内容	图示
1. 车左端轮廓	（1）	车端面，车平即可	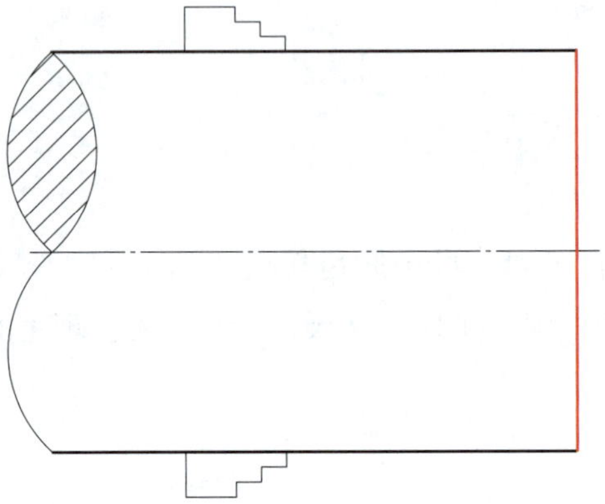
	（2）	用 ϕ19.5 mm 麻花钻钻 60 mm 深的孔	60 ϕ19.5
	（3）	粗、精车 $\phi 22^{+0.05}_{+0.02}$ mm × 51 mm 内孔至尺寸要求	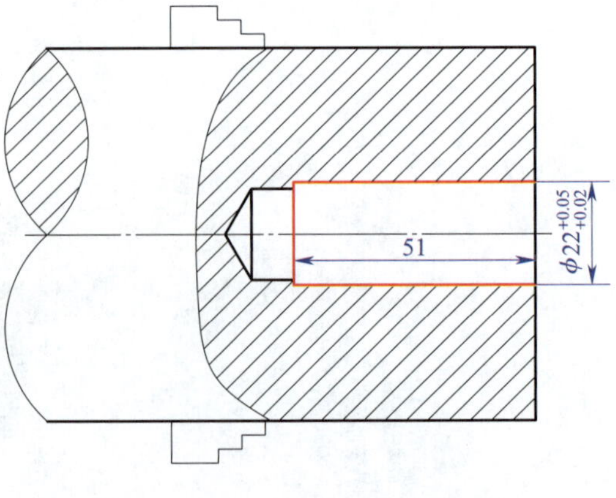 51 $\phi 22^{+0.05}_{+0.02}$

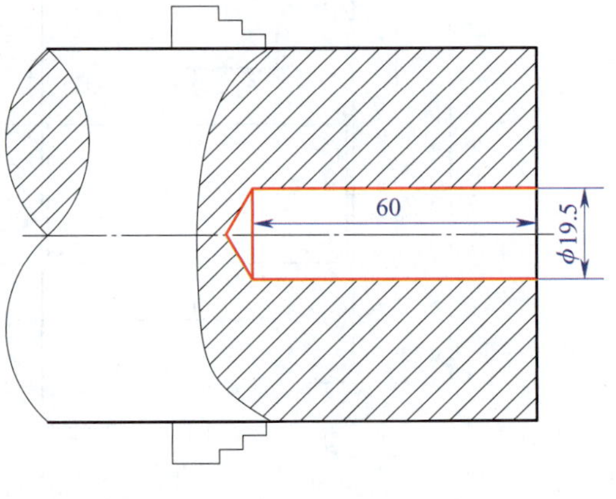

续表

工序	工步	加工内容	图示
1. 车左端轮廓	（4）	粗车 ϕ75 mm × 54 mm、ϕ61 mm × 36.5 mm 两个台阶	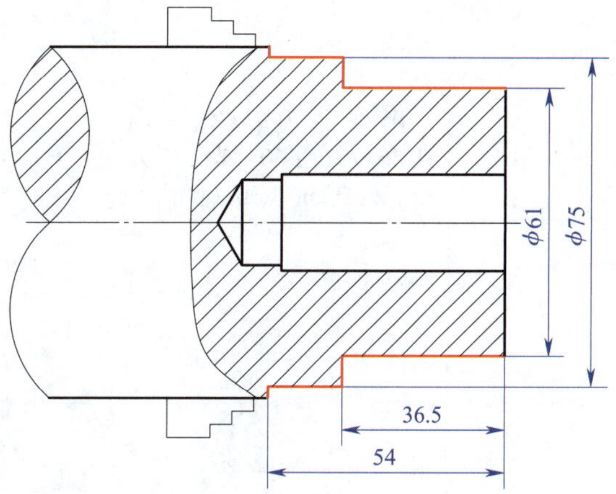 ϕ61　ϕ75　36.5　54
	（5）	精车两个台阶至尺寸要求	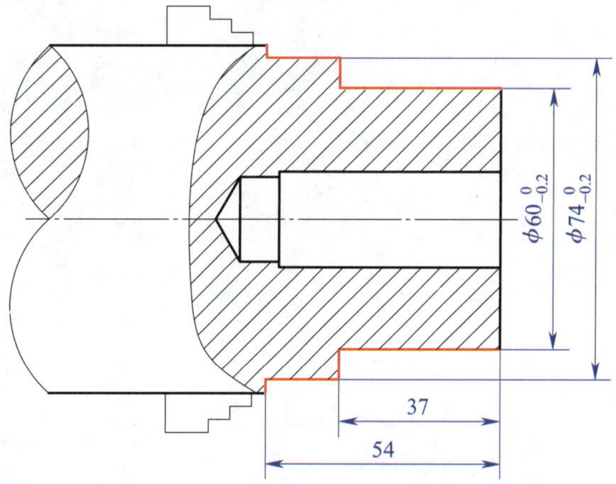 $\phi60_{-0.2}^{0}$　$\phi74_{-0.2}^{0}$　37　54
	（6）	粗、精车宽槽至尺寸要求	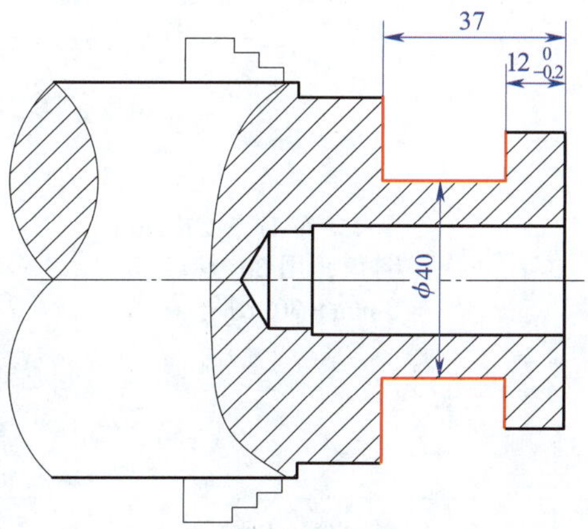 37　$12_{-0.2}^{0}$　ϕ40

续表

工序	工步	加工内容	图示
1. 车左端轮廓	（7）	用45° 车刀车 *C*1 mm 内孔倒角，用60° 螺纹车刀车三处 3 mm × 30° 倒角	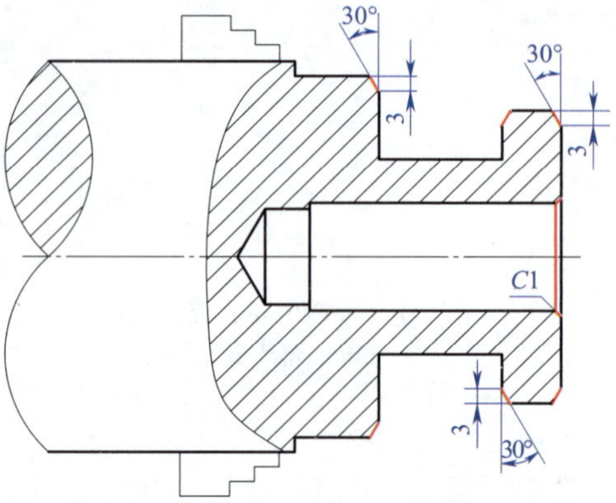
2. 切断		用4 mm 宽的切断刀进行切断	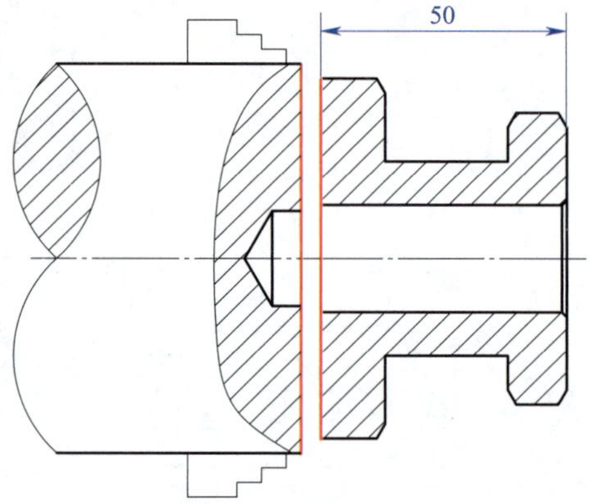
3. 车右端面，倒角	（1）	车右端面，控制总长（49 ± 0.2）mm	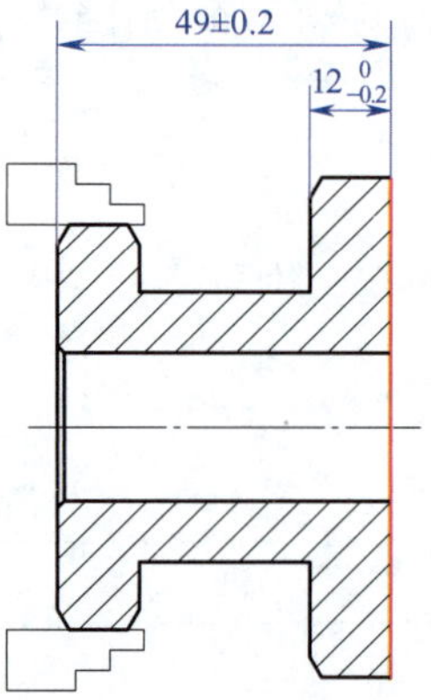
	（2）	用45° 车刀车 *C*1 mm 内孔倒角，用60° 螺纹车刀车 3 mm × 30° 倒角	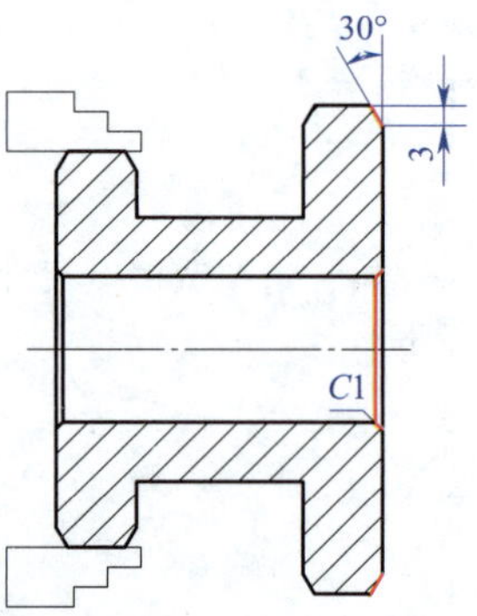
4. 检测		按零件图样尺寸进行检测	

三、加工质量检测

表 15–2 为中间齿轮套加工质量检测表。

表 15–2　　中间齿轮套加工质量检测表

序号	检测项目	配分	检测内容及要求	评分标准	检测结果	得分
1	主要尺寸（47 分）	7	$\phi 74_{-0.2}^{0}$ mm	超差不得分		
2		7	$\phi 60_{-0.2}^{0}$ mm	超差不得分		
3		10	$\phi 22_{+0.02}^{+0.05}$ mm	超差不得分		
4		2×7	$12_{-0.2}^{0}$ mm（2 处）	超差不得分		
5		9	（49 ± 0.2）mm	超差不得分		
6	次要尺寸（12 分）	4×2	3 mm × 30°（4 处）	超差不得分		
7		2×2	*C*1 mm（2 处）	超差不得分		
8	槽（10 分）	10	ϕ 40 mm	超差不得分		
9	表面粗糙度（19 分）	5×2	*Ra*1.6 μm（5 处）	降级不得分		
10		9×1	*Ra*3.2 μm（9 处）	降级不得分		
11	主观评分（9 分）	3	已加工零件倒角、去毛刺符合图样要求，否则不得分			
12		3	已加工零件无划伤、碰伤和夹伤，否则不得分			
13		3	已加工零件与图样外形一致，否则不得分			
14	更换或添加毛坯（3 分）	3	更换或添加毛坯不得分			
15	职业素养		能正确穿戴工作服、工作鞋、安全帽和防护眼镜等个人防护用品。每违反一项，扣 2 分			
16			能规范使用设备、工具、量具和辅具。每违反操作规范一次，扣 2 分			
17			能做好设备清洁、保养工作。不清洁或不保养，扣 3 分；清洁或保养不彻底，扣 2 分			
总配分		100	总得分			

学习任务 16　双线螺纹轴普通车床加工

一、工作情境描述

某企业接到一批双线螺纹轴（图 16-1）零件的加工订单，数量为 30 件，材料为 45 钢，毛坯为 ϕ42 mm × 105 mm 棒料，工期为 7 天，来料加工。现生产部门安排车工组完成此零件的车削加工。

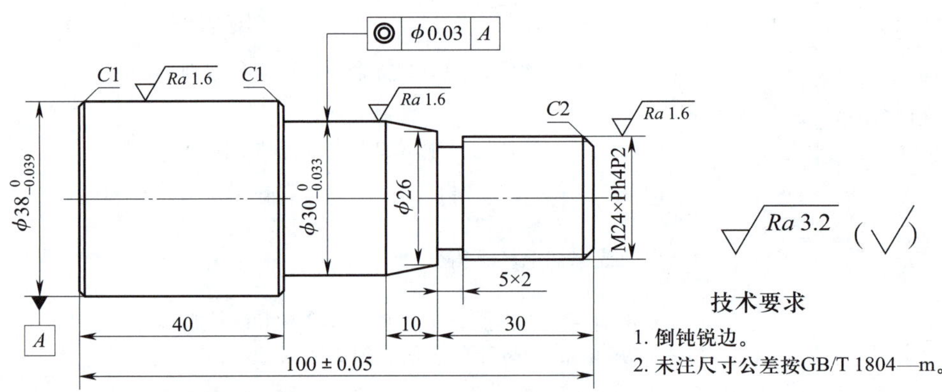

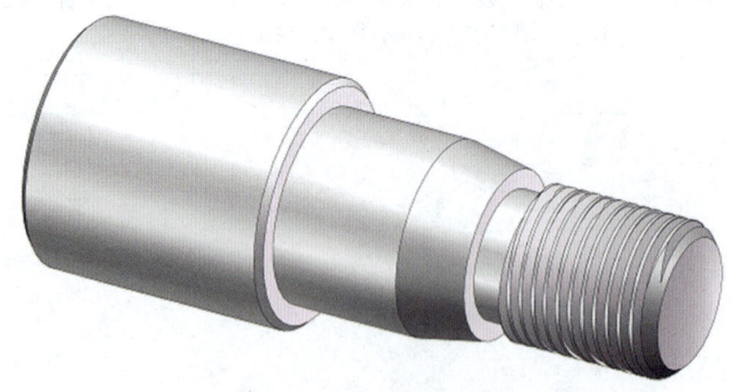

图 16-1　双线螺纹轴

二、加工工艺过程

双线螺纹轴普通车床加工工艺过程见表 16-1。

表 16–1　　双线螺纹轴普通车床加工工艺过程

工序	工步	加工内容	图示
1. 车左端轮廓	（1）	车端面，车平即可	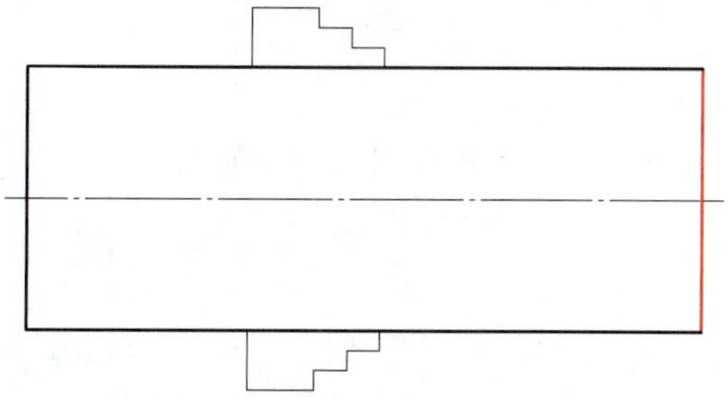
	（2）	粗车 ϕ38.5 mm × 39.5 mm 外圆柱面	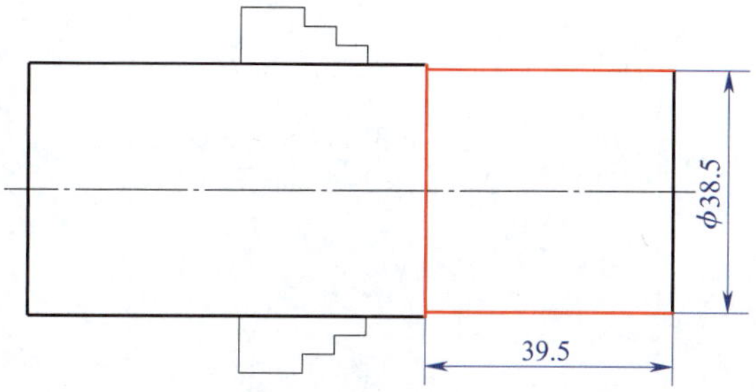 ϕ38.5 39.5
	（3）	精车 $\phi 38_{-0.039}^{\ 0}$ mm 外圆柱面至尺寸要求	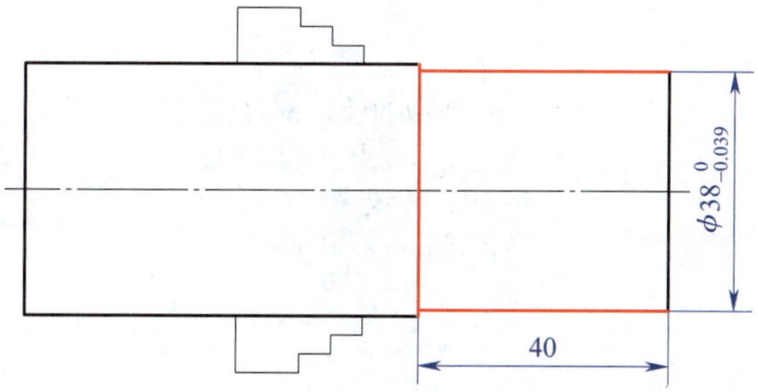 $\phi 38_{-0.039}^{\ 0}$ 40
	（4）	车 *C*1 mm 倒角	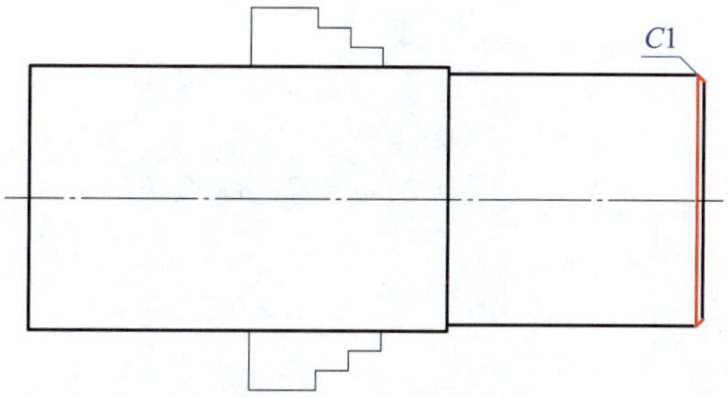 *C*1

续表

工序	工步	加工内容	图示
2. 车右端轮廓	(1)	车右端面，控制总长(100 ± 0.05) mm	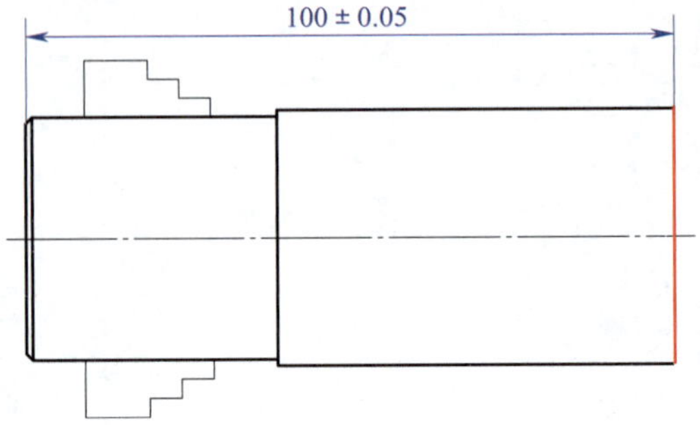
	(2)	粗车 ϕ31 mm × 59.5 mm、ϕ25 mm × 29.5 mm 两个台阶	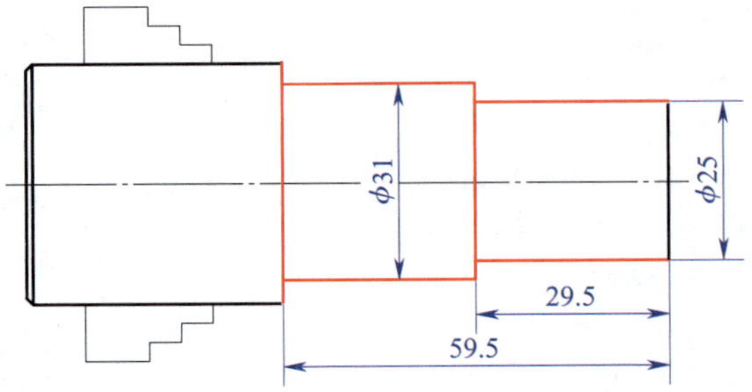
	(3)	精车 $\phi 30^{0}_{-0.033}$ mm 外圆柱面至尺寸要求，精车 M24 × Ph4P2 双线螺纹大径至 ϕ23.8 mm × 30 mm	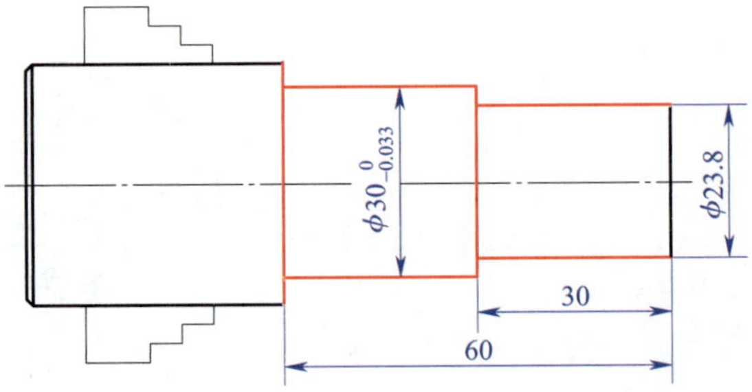
	(4)	车 C2 mm、C1 mm 倒角	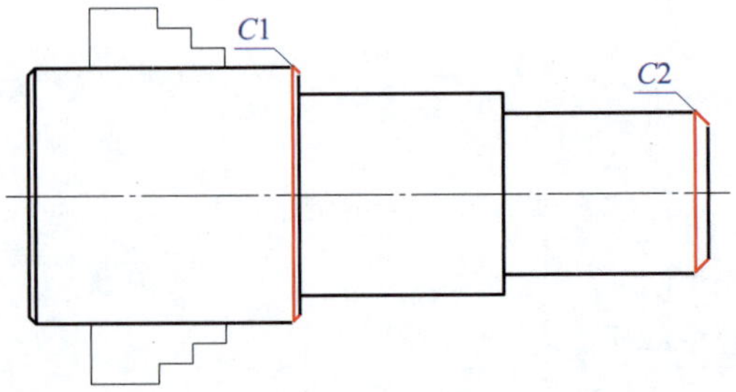

续表

工序	工步	加工内容	图示
2. 车右端轮廓	（5）	粗、精车 5 mm × 2 mm 螺纹退刀槽	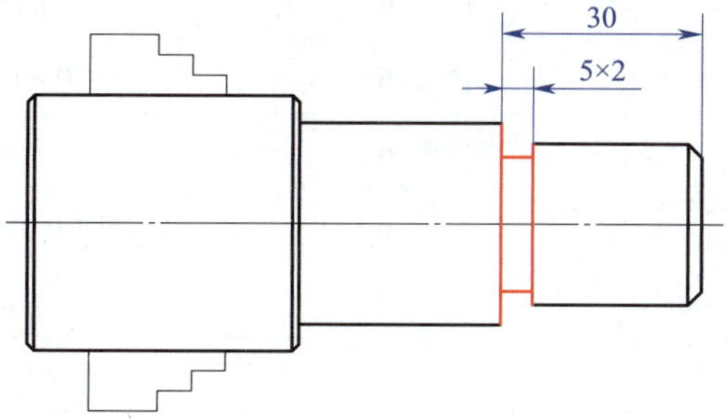 30 5×2
	（6）	粗、精车圆台至尺寸要求	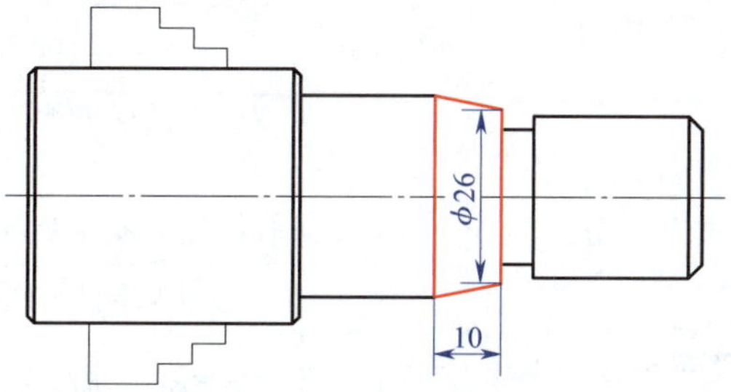 φ26 10
	（7）	粗、精加工 M24 × Ph4P2 双线螺纹至图样要求	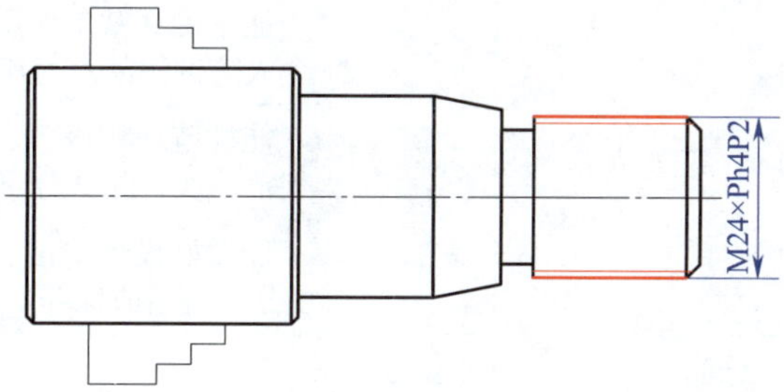 M24×Ph4P2
3. 检测		按零件图样尺寸进行检测	

三、加工质量检测

表 16–2 为双线螺纹轴加工质量检测表。

表 16–2　　双线螺纹轴加工质量检测表

序号	考核项目	配分	考核内容及要求	评分标准	检测结果	得分
1	主要尺寸（50 分）	8	$\phi 30_{-0.033}^{0}$ mm	超差不得分		
2		8	$\phi 38_{-0.039}^{0}$ mm	超差不得分		
3		8	ϕ 26 mm	超差不得分		
4		10	M24 × Ph4P2	超差不得分		
5		8	5 mm × 2 mm	超差不得分		
6		8	◎ ϕ0.03 A	超差不得分		

续表

序号	考核项目	配分	考核内容及要求	评分标准	检测结果	得分
7	次要尺寸（28 分）	6	10 mm	超差不得分		
8		6	30 mm	超差不得分		
9		6	40 mm	超差不得分		
10		6	（100 ± 0.05）mm	超差不得分		
11		2	*C*2 mm	超差不得分		
12		2 × 1	*C*1 mm（2 处）	超差不得分		
13	表面粗糙度（10 分）	3 × 2	*Ra*1.6 μm（3 处）	降级不得分		
14		8 × 0.5	*Ra*3.2 μm（8 处）	降级不得分		
15	主观评分（9 分）	3	已加工零件倒角、倒钝、去毛刺符合图样要求，否则不得分			
16		3	已加工零件无划伤、碰伤和夹伤，否则不得分			
17		3	已加工零件与图样外形一致，否则不得分			
18	更换或添加毛坯（3 分）	3	更换或添加毛坯不得分			
19	职业素养		能正确穿戴工作服、工作鞋、安全帽和防护眼镜等个人防护用品。每违反一项，扣 2 分			
20			能规范使用设备、工具、量具和辅具。每违反操作规范一次，扣 2 分			
21			能做好设备清洁、保养工作。不清洁或不保养，扣 3 分；清洁或保养不彻底，扣 2 分			
总配分		100	总得分			

学习任务 17 梯形螺纹轴普通车床加工

一、工作情境描述

某企业接到一批梯形螺纹轴（图 17–1）零件的加工订单，数量为 20 件，材料为 45 钢，毛坯为 ϕ50 mm × 107 mm 棒料，工期为 5 天，来料加工。现生产部门安排车工组完成此零件的车削加工。

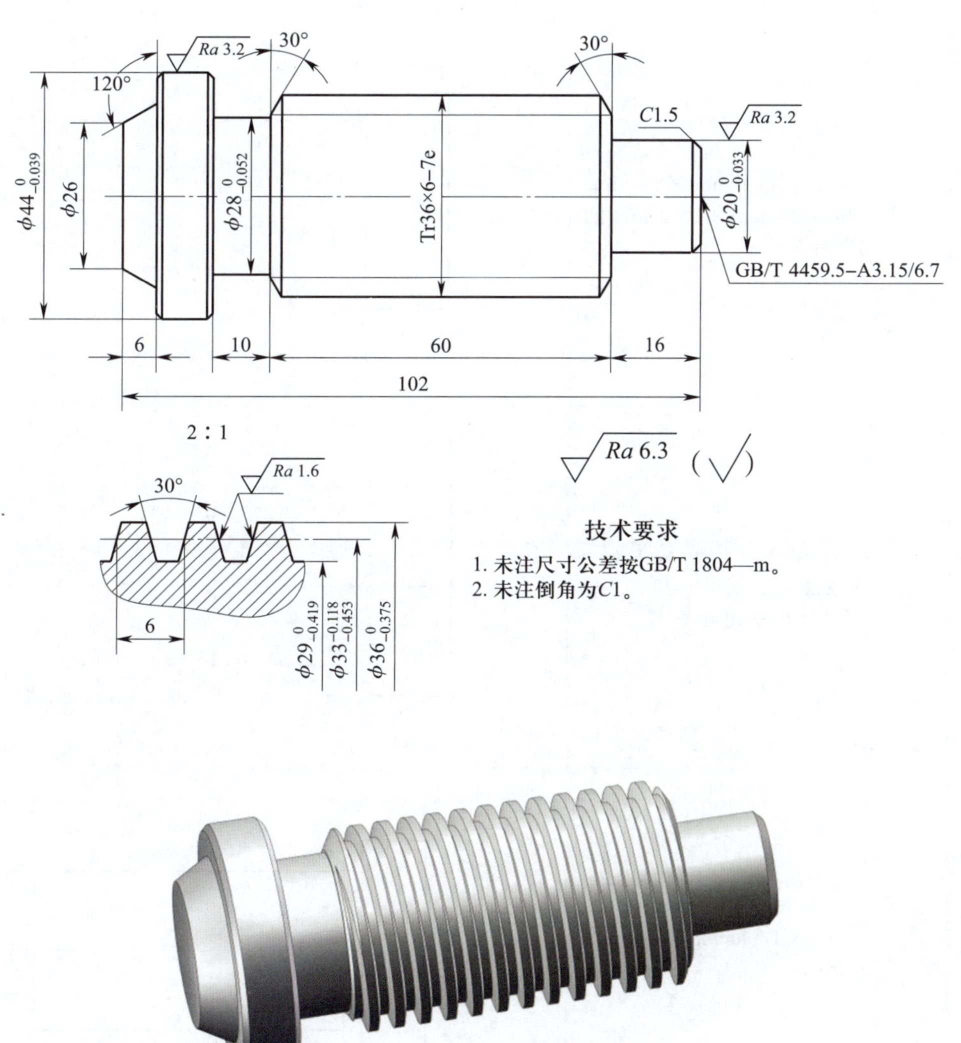

图 17–1 梯形螺纹轴

二、加工工艺过程

梯形螺纹轴普通车床加工工艺过程见表 17–1。

表 17–1 梯形螺纹轴普通车床加工工艺过程

工序	工步	加工内容	图示
1. 车右端面，钻中心孔		车端面，钻中心孔 GB/T 4459.5–A3.15/6.7	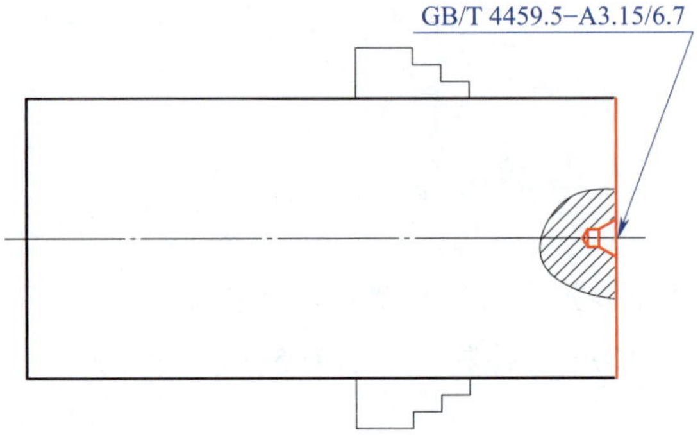 GB/T 4459.5–A3.15/6.7
2. 车右端轮廓	（1）	粗车 ϕ37 mm × 85.5 mm 和 ϕ21 mm × 15.5 mm 两个台阶	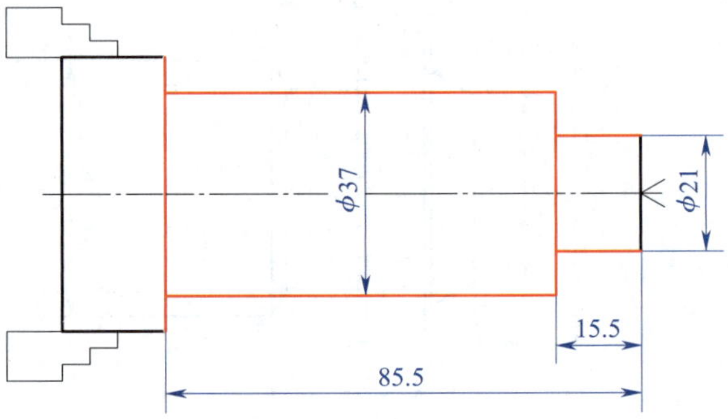 ϕ37 ϕ21 15.5 85.5
	（2）	半精车梯形螺纹大径至 ϕ36.2 mm，精车 $\phi20_{-0.033}^{0}$ mm 外圆柱面至尺寸要求	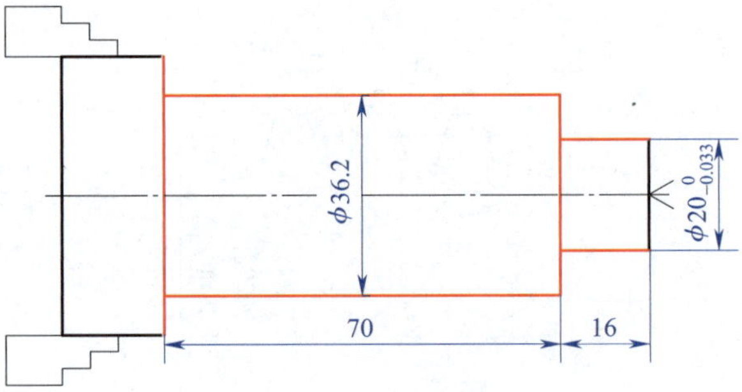 ϕ36.2 $\phi20_{-0.033}^{0}$ 70 16
	（3）	车 *C*1.5 mm 和 *C*4 mm 倒角	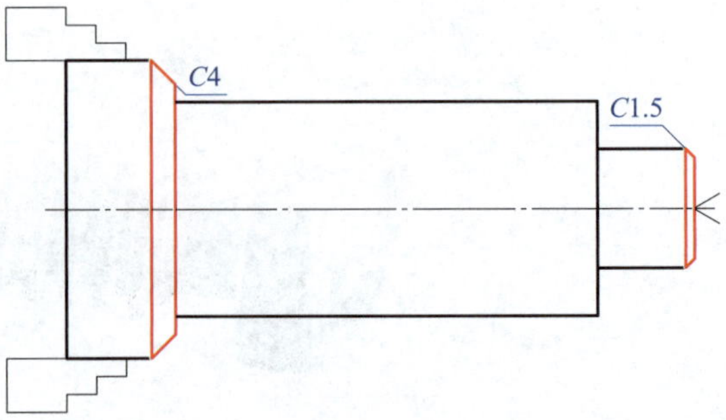 *C*4 *C*1.5

续表

工序	工步	加工内容	图示
2. 车右端轮廓	（4）	粗、精车 $\phi 28_{-0.052}^{0}$ mm × 10 mm 槽至尺寸要求	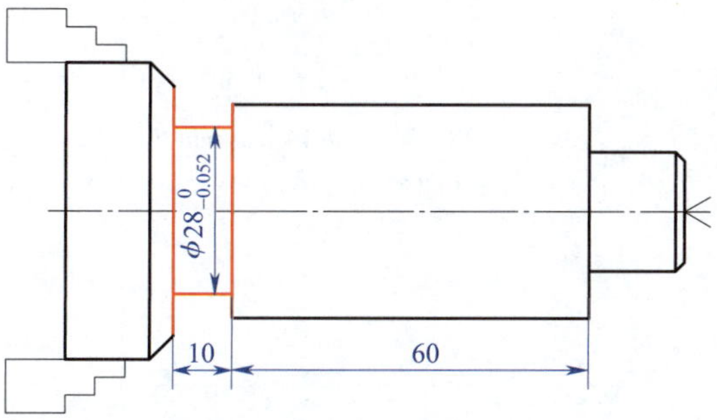 $\phi 28_{-0.052}^{0}$ 10 60
	（5）	车两处 4 mm × 30° 倒角	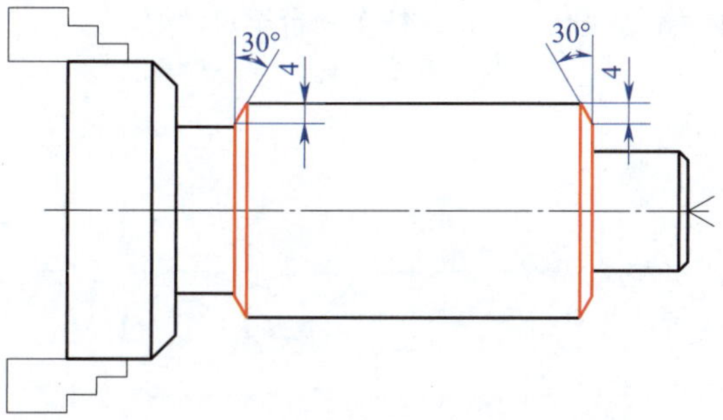 30° 4 30° 4
	（6）	车 Tr36 × 6–7e 梯形螺纹至尺寸要求	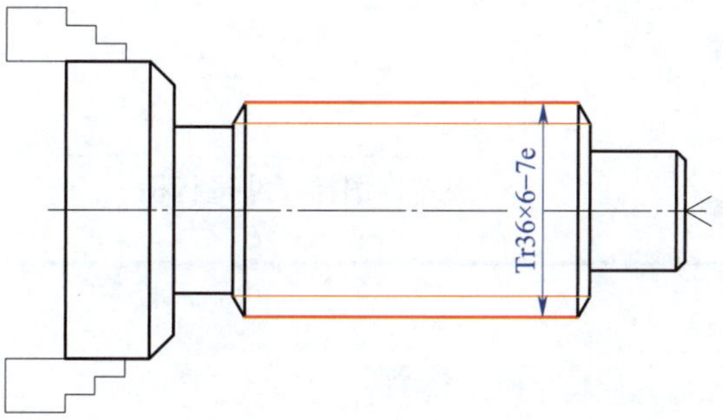 Tr36×6–7e
3. 车左端轮廓	（1）	车左端面，控制总长 102 mm	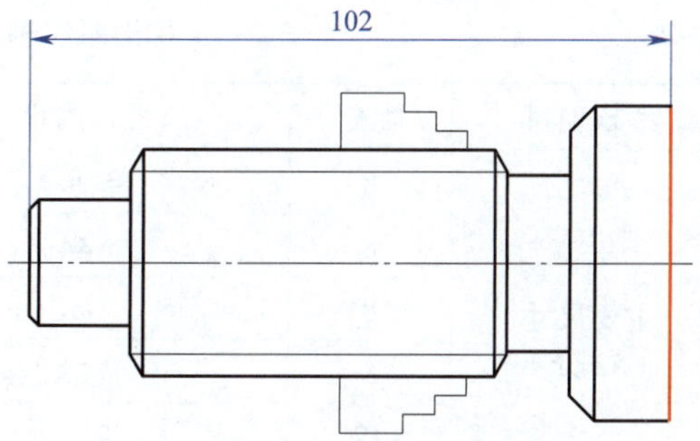 102

续表

工序	工步	加工内容	图示
3. 车左端轮廓	（2）	粗、精车 $\phi 44_{-0.039}^{0}$ mm 外圆柱面至尺寸要求	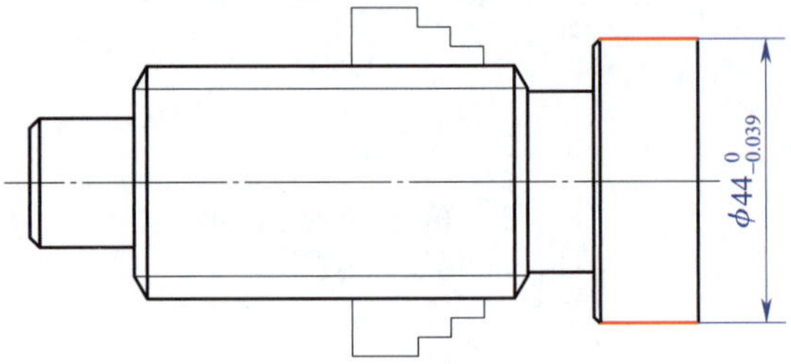
	（3）	粗、精车圆台至尺寸要求	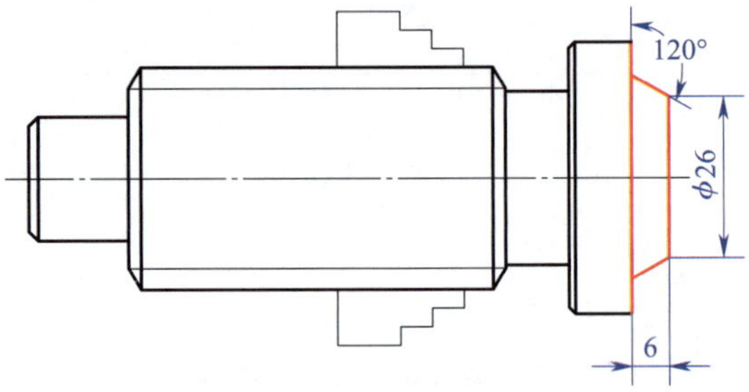
	（4）	车 $C1$ mm 倒角	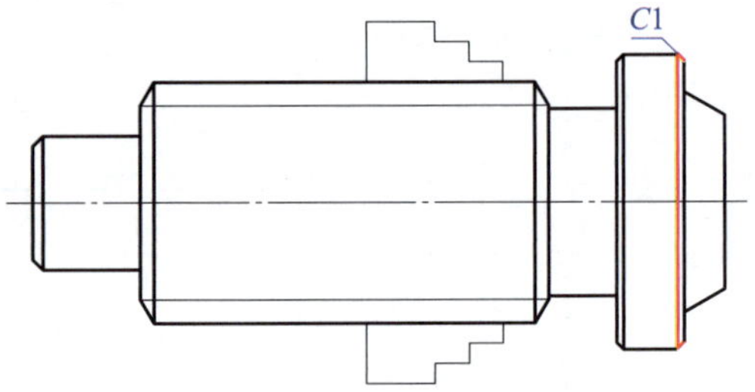
4. 检测		按零件图样尺寸进行检测	

三、加工质量检测

表 17–2 为梯形螺纹轴加工质量检测表。

表 17–2　　梯形螺纹轴加工质量检测表

序号	考核项目	配分	考核内容及要求	评分标准	检测结果	得分
1	主要尺寸（52 分）	8	$\phi 20_{-0.033}^{0}$ mm	超差不得分		
2		8	$\phi 44_{-0.039}^{0}$ mm	超差不得分		
3		8	$\phi 26$ mm	超差不得分		
4		8	$\phi 28_{-0.052}^{0}$ mm	超差不得分		
5		12	Tr36 × 6–7e	超差不得分		
6		8	120°	超差不得分		

续表

序号	考核项目	配分	考核内容及要求	评分标准	检测结果	得分
7	次要尺寸（28 分）	6	6 mm	超差不得分		
8		6	10 mm	超差不得分		
9		5	16 mm	超差不得分		
10		5	60 mm	超差不得分		
11		6	102 mm	超差不得分		
12	表面粗糙度（8 分）	2	*Ra*1.6 μm	降级不得分		
13		2 × 1	*Ra*3.2 μm（2 处）	降级不得分		
14		8 × 0.5	*Ra*6.3 μm（8 处）	降级不得分		
15	主观评分（9 分）	3	已加工零件倒角、去毛刺符合图样要求，否则不得分			
16		3	已加工零件无划伤、碰伤和夹伤，否则不得分			
17		3	已加工零件与图样外形一致，否则不得分			
18	更换或添加毛坯（3 分）	3	更换或添加毛坯不得分			
19	职业素养		能正确穿戴工作服、工作鞋、安全帽和防护眼镜等个人防护用品。每违反一项，扣 2 分			
20			能规范使用设备、工具、量具和辅具。每违反操作规范一次，扣 2 分			
21			能做好设备清洁、保养工作。不清洁或不保养，扣 3 分；清洁或保养不彻底，扣 2 分			
总配分		100	总得分			

学习任务 18 梯形螺纹套普通车床加工

一、工作情境描述

某企业接到一批梯形螺纹套（图 18-1）零件的加工订单，数量为 20 件，材料为 45 钢，毛坯为 ϕ65 mm × 85 mm 棒料，工期为 5 天，来料加工。现生产部门安排车工组完成此零件的车削加工。

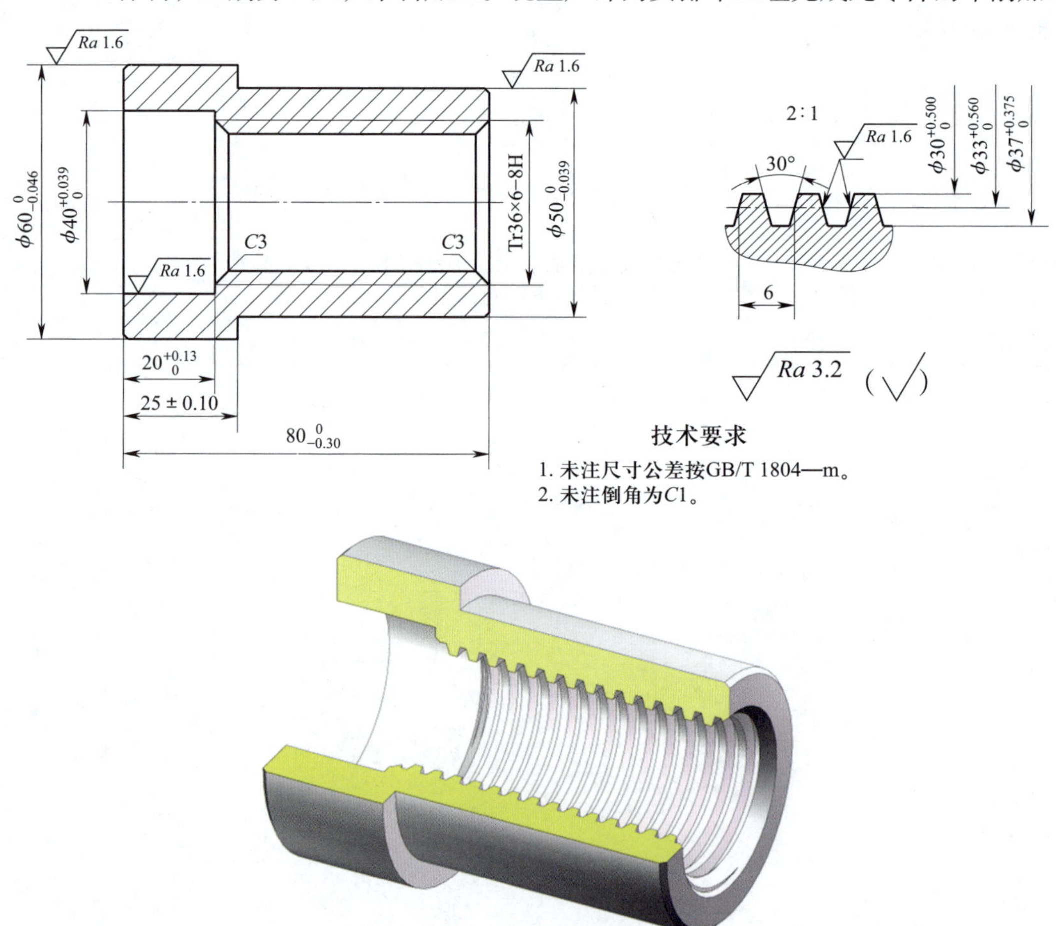

图 18-1 梯形螺纹套

二、加工工艺过程

梯形螺纹套普通车床加工工艺过程见表 18-1。

表 18–1　　梯形螺纹套普通车床加工工艺过程

工序	工步	加工内容	图示
1. 车端面，钻通孔	（1）	车端面，车平即可	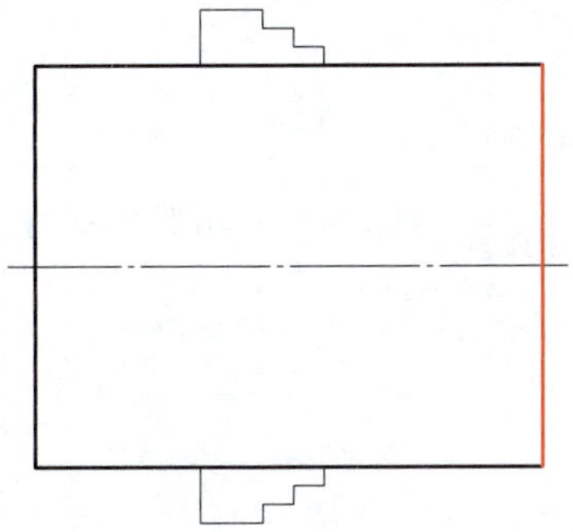
	（2）	应用 ϕ28 mm 麻花钻钻通孔	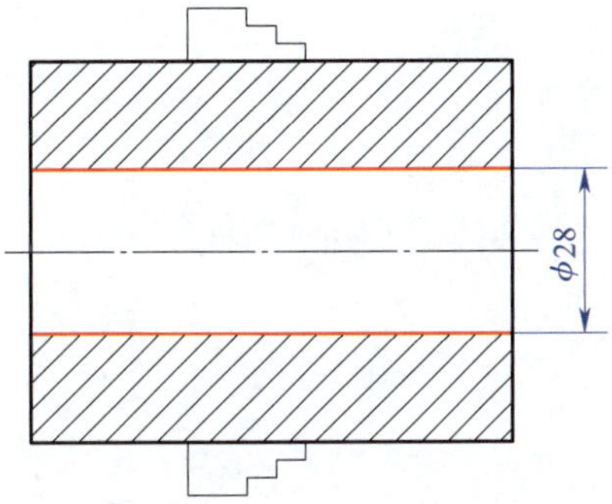 ϕ28
2. 车左端轮廓	（1）	粗、精车 $\phi 60_{-0.046}^{\ 0}$ mm 外圆柱面至尺寸要求	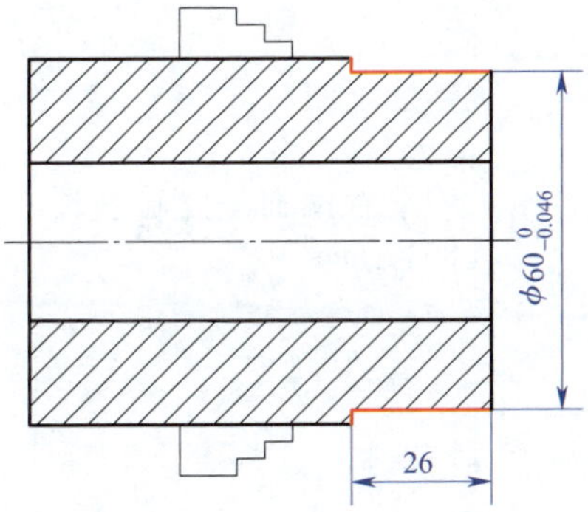 $\phi 60_{-0.046}^{\ 0}$ 26
	（2）	车 $C1$ mm 倒角	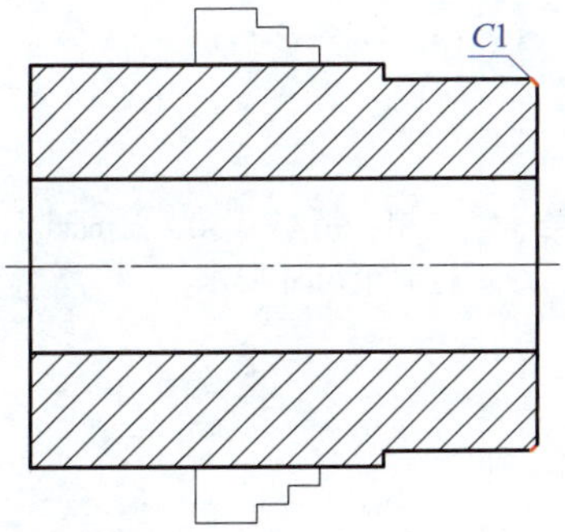 $C1$

续表

工序	工步	加工内容	图示
2. 车左端轮廓	（3）	粗、精车 $\phi 40^{+0.039}_{0}$ mm 内孔至尺寸要求	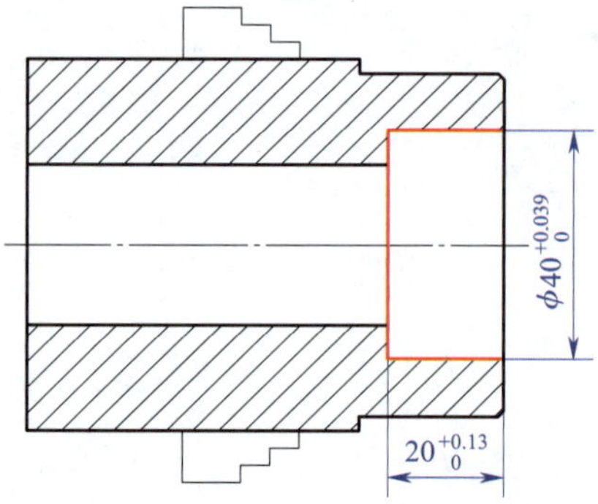 $\phi 40^{+0.039}_{0}$ $20^{+0.13}_{0}$
	（4）	车 $C4$ mm 倒角	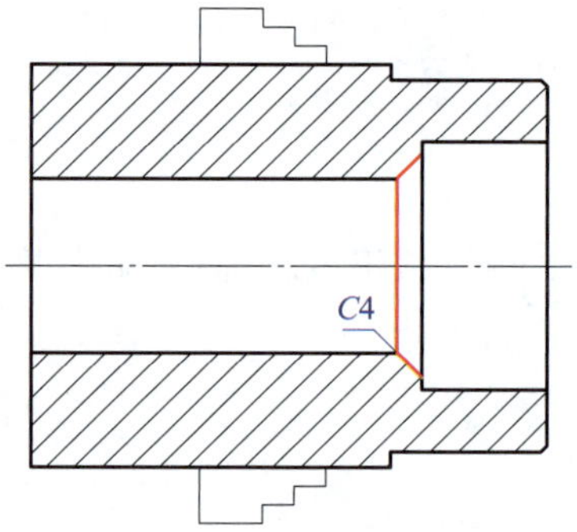 $C4$
3. 车右端轮廓	（1）	车右端面，控制总长 $80^{0}_{-0.30}$ mm	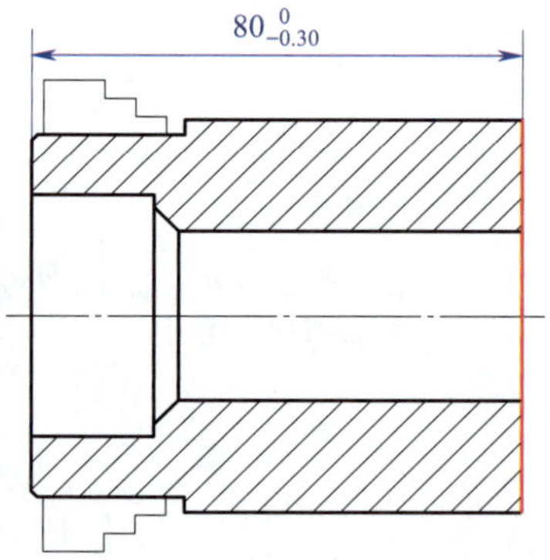 $80^{0}_{-0.30}$
	（2）	粗、精车 $\phi 50^{0}_{-0.039}$ mm 圆柱面至尺寸要求	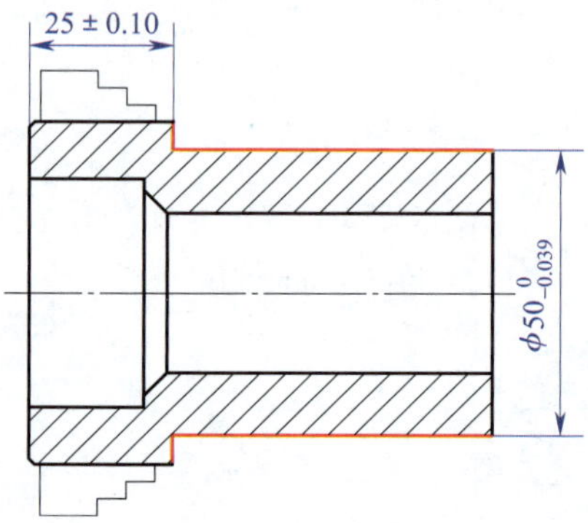 25 ± 0.10 $\phi 50^{0}_{-0.039}$

续表

工序	工步	加工内容	图示
3. 车右端轮廓	（3）	车 $C1$ mm 倒角	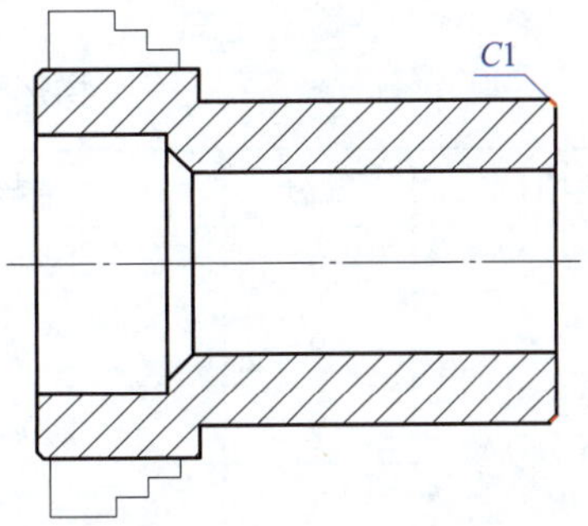 C1
	（4）	粗、精车梯形螺纹小径至 $\phi 30^{+0.500}_{0}$ mm	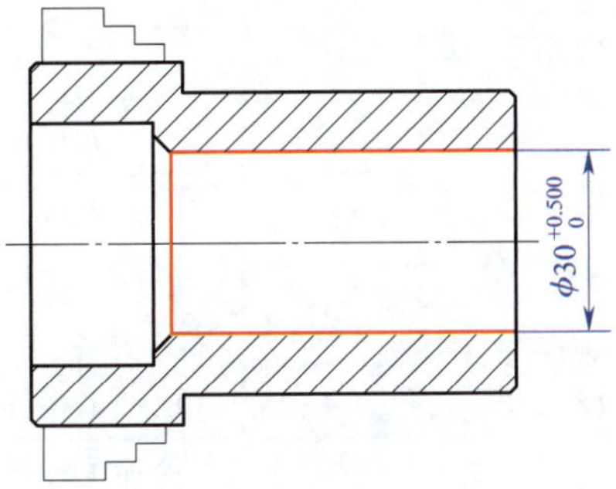 $\phi 30^{+0.500}_{0}$
	（5）	车 $C3$ mm 倒角	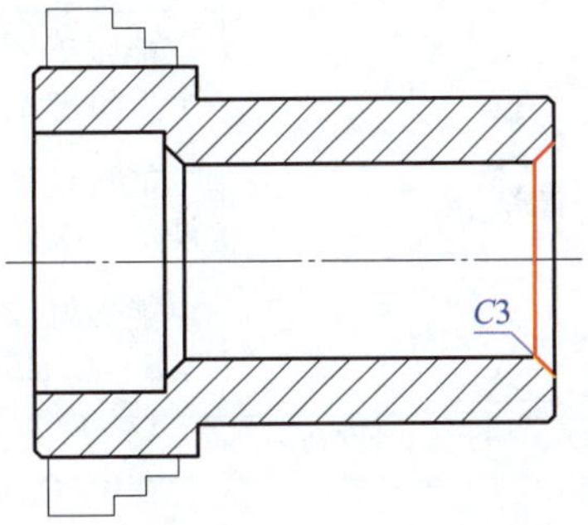 C3
	（6）	粗、精车梯形螺纹 Tr36×6–8H 至尺寸要求	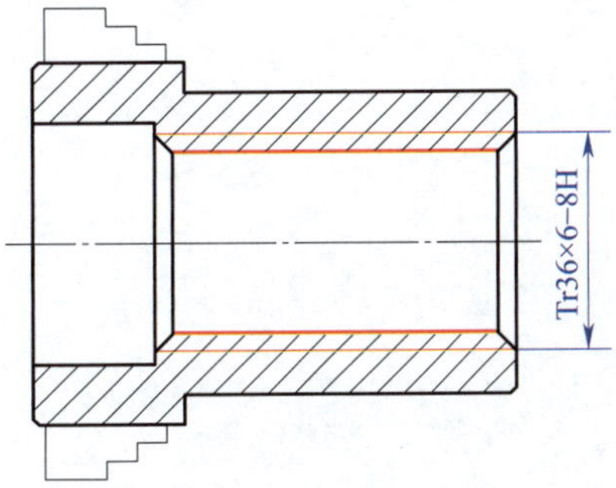 Tr36×6–8H
4. 检测		按零件图样尺寸进行检测	

三、加工质量检测

表 18–2 为梯形螺纹套加工质量检测表。

表 18–2　　梯形螺纹套加工质量检测表

序号	考核项目	配分	考核内容及要求	评分标准	检测结果	得分
1	主要尺寸（56 分）	9	$\phi 50_{-0.039}^{0}$ mm	超差不得分		
2		9	$\phi 60_{-0.046}^{0}$ mm	超差不得分		
3		9	$\phi 40_{0}^{+0.039}$ mm	超差不得分		
4		20	Tr36 × 6–8H	超差不得分		
5		9	（25 ± 0.10）mm	超差不得分		
6	次要尺寸（17 分）	8	$20_{0}^{+0.13}$ mm	超差不得分		
7		9	$80_{-0.30}^{0}$ mm	超差不得分		
8	表面粗糙度（11 分）	4 × 2	Ra1.6 μm（4 处）	降级不得分		
9		3 × 1	Ra3.2 μm（3 处）	降级不得分		
10	主观评分（12 分）	4	已加工零件倒角、去毛刺符合图样要求，否则不得分			
11		4	已加工零件无划伤、碰伤和夹伤，否则不得分			
12		4	已加工零件与图样外形一致，否则不得分			
13	更换或添加毛坯（4 分）	4	更换或添加毛坯不得分			
14	职业素养		能正确穿戴工作服、工作鞋、安全帽和防护眼镜等个人防护用品。每违反一项，扣 2 分			
15			能规范使用设备、工具、量具和辅具。每违反操作规范一次，扣 2 分			
16			能做好设备清洁、保养工作。不清洁或不保养，扣 3 分；清洁或保养不彻底，扣 2 分			
总配分		100	总得分			

学习任务 19　锥度梯形螺纹轴普通车床加工

一、工作情境描述

某企业接到一批锥度梯形螺纹轴（图 19-1）零件的加工订单，数量为 60 件，材料为 45 钢，毛坯为 ϕ35 mm × 170 mm 棒料，工期为 10 天，来料加工。现生产部门安排车工组完成此零件的车削加工。

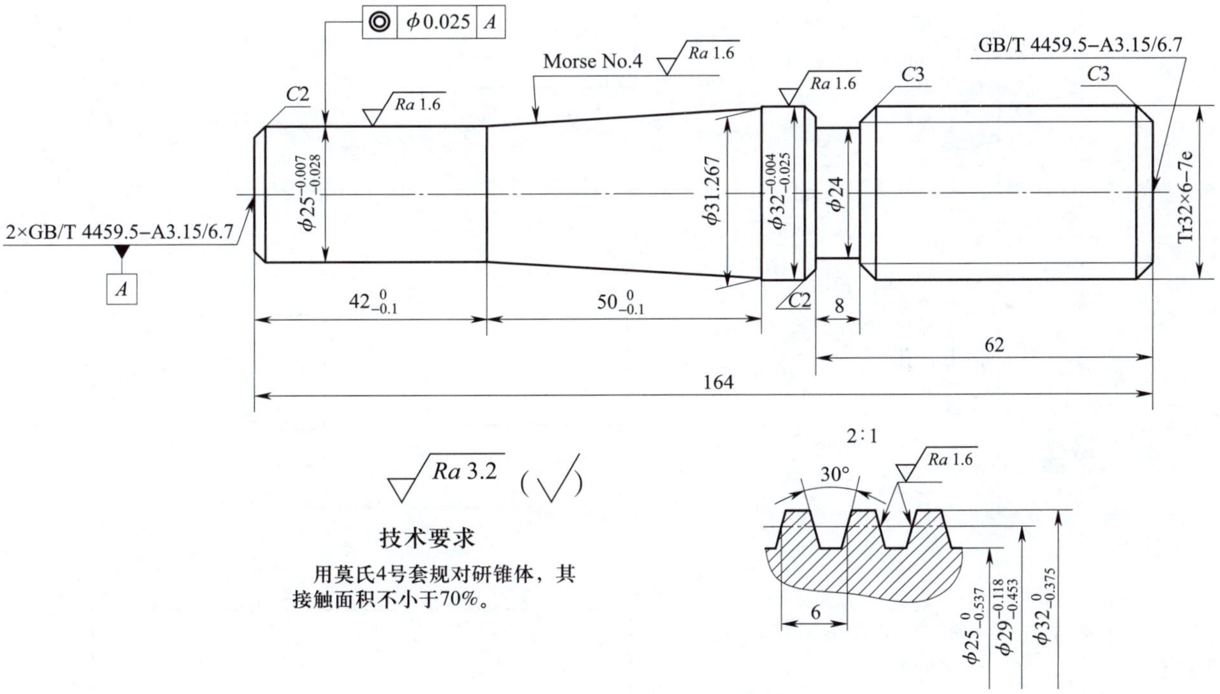

技术要求

用莫氏4号套规对研锥体，其接触面积不小于70%。

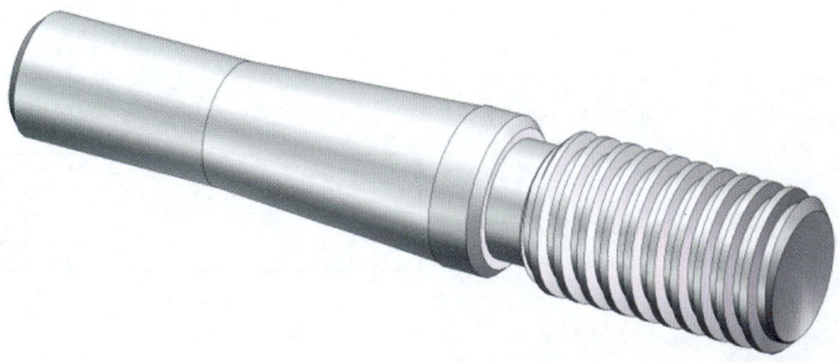

图 19-1　锥度梯形螺纹轴

二、加工工艺过程

锥度梯形螺纹轴普通车床加工工艺过程见表 19-1。

表 19-1 锥度梯形螺纹轴普通车床加工工艺过程

工序	工步	加工内容	图示
1. 粗车左端轮廓	(1)	车端面，钻中心孔	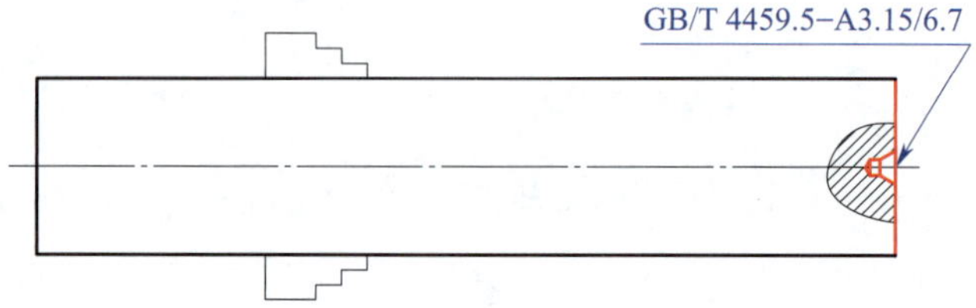 GB/T 4459.5-A3.15/6.7
	(2)	粗车左端外圆柱面至 ϕ33 mm × 92 mm	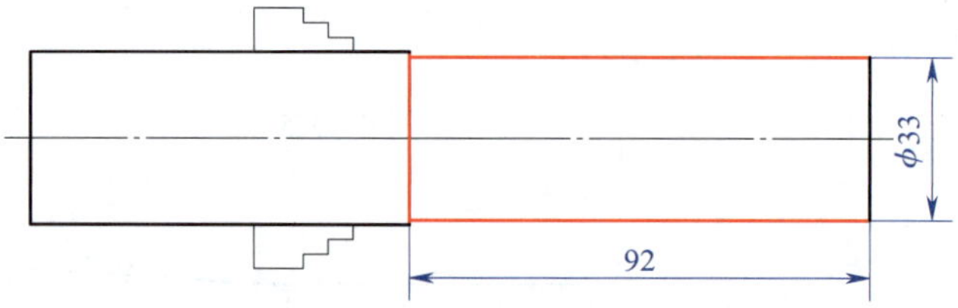 ϕ33 92
2. 粗车右端轮廓	(1)	车端面，控制总长 164 mm，钻中心孔	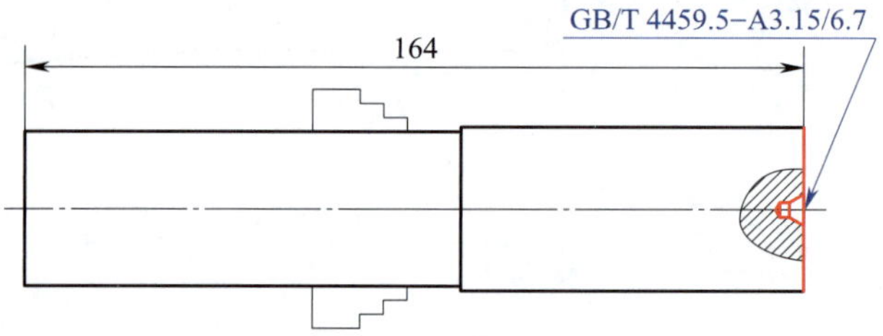 164 GB/T 4459.5-A3.15/6.7
	(2)	粗车右端外圆柱面至 ϕ33 mm	72 ϕ33
	(3)	粗、精车 ϕ24 mm × 8 mm 槽至尺寸要求	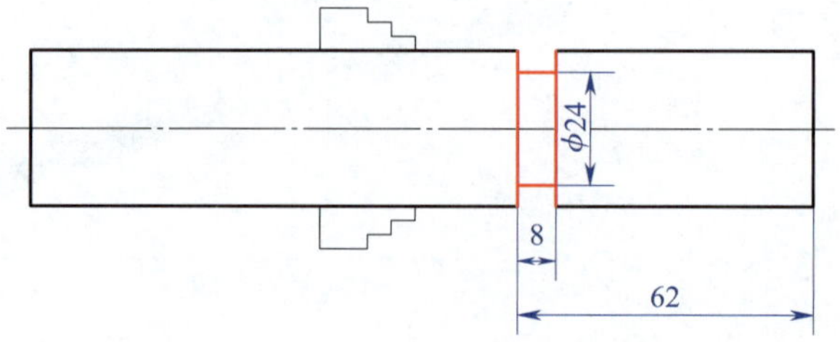 ϕ24 8 62

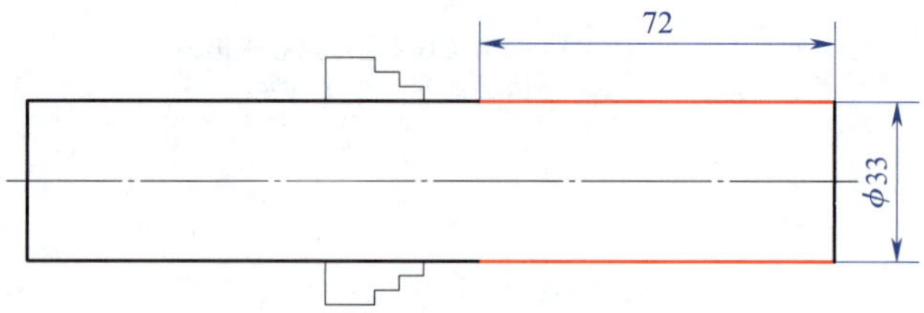

续表

工序	工步	加工内容	图示
2. 粗车右端轮廓	(4)	车三处倒角至尺寸要求	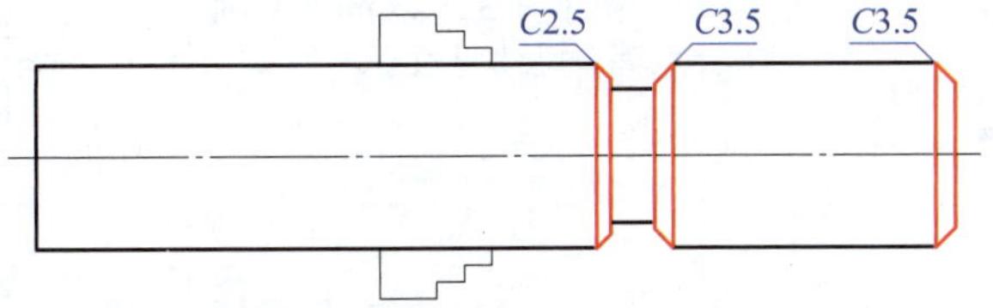 C2.5　C3.5　C3.5
	(5)	粗车 Tr32×6−7e 梯形螺纹	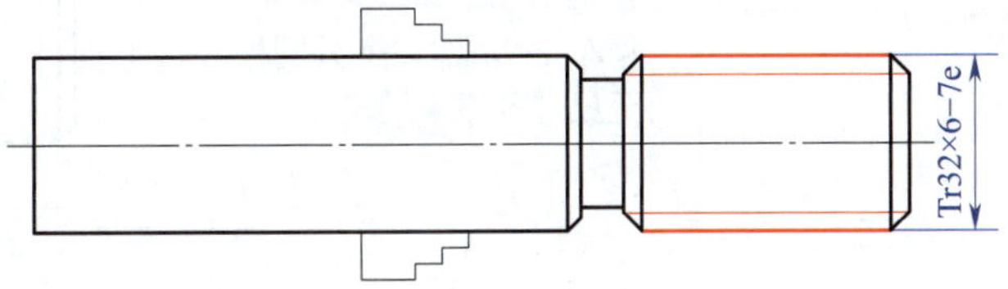 Tr32×6−7e
3. 半精车左端轮廓	(1)	半精车 $\phi25_{-0.028}^{-0.007}$ mm 外圆柱面至 ϕ26 mm×41.5 mm	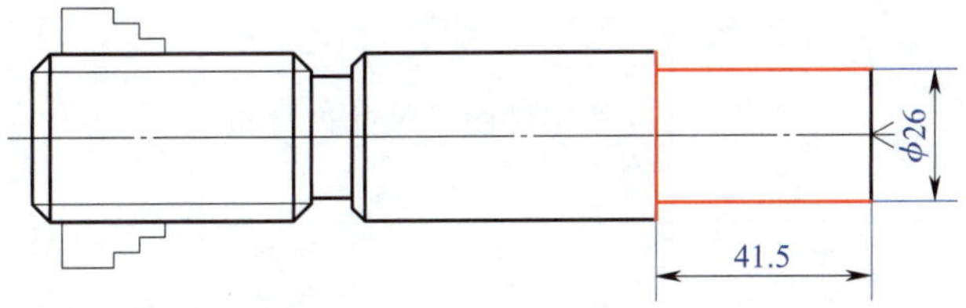 ϕ26　41.5
	(2)	半精车莫氏 4 号锥度的圆台至大端直径为 32 mm	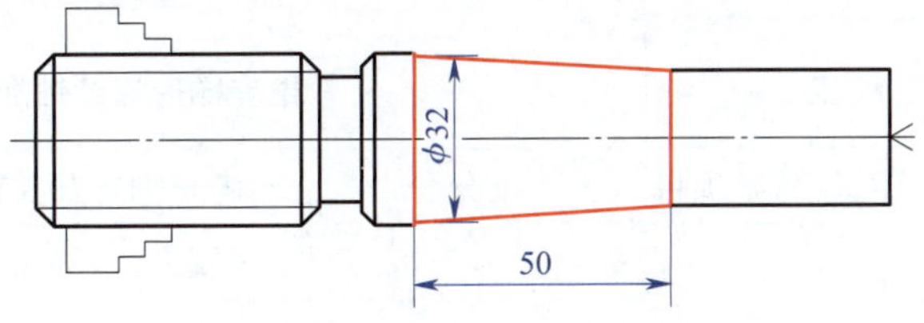 ϕ32　50
	(3)	车 C2.5 mm 倒角	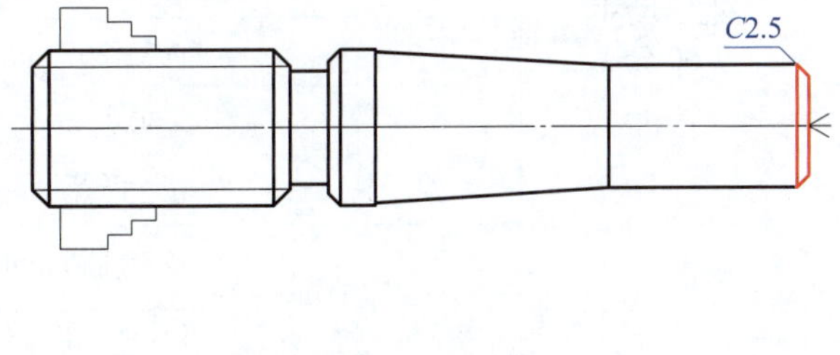 C2.5

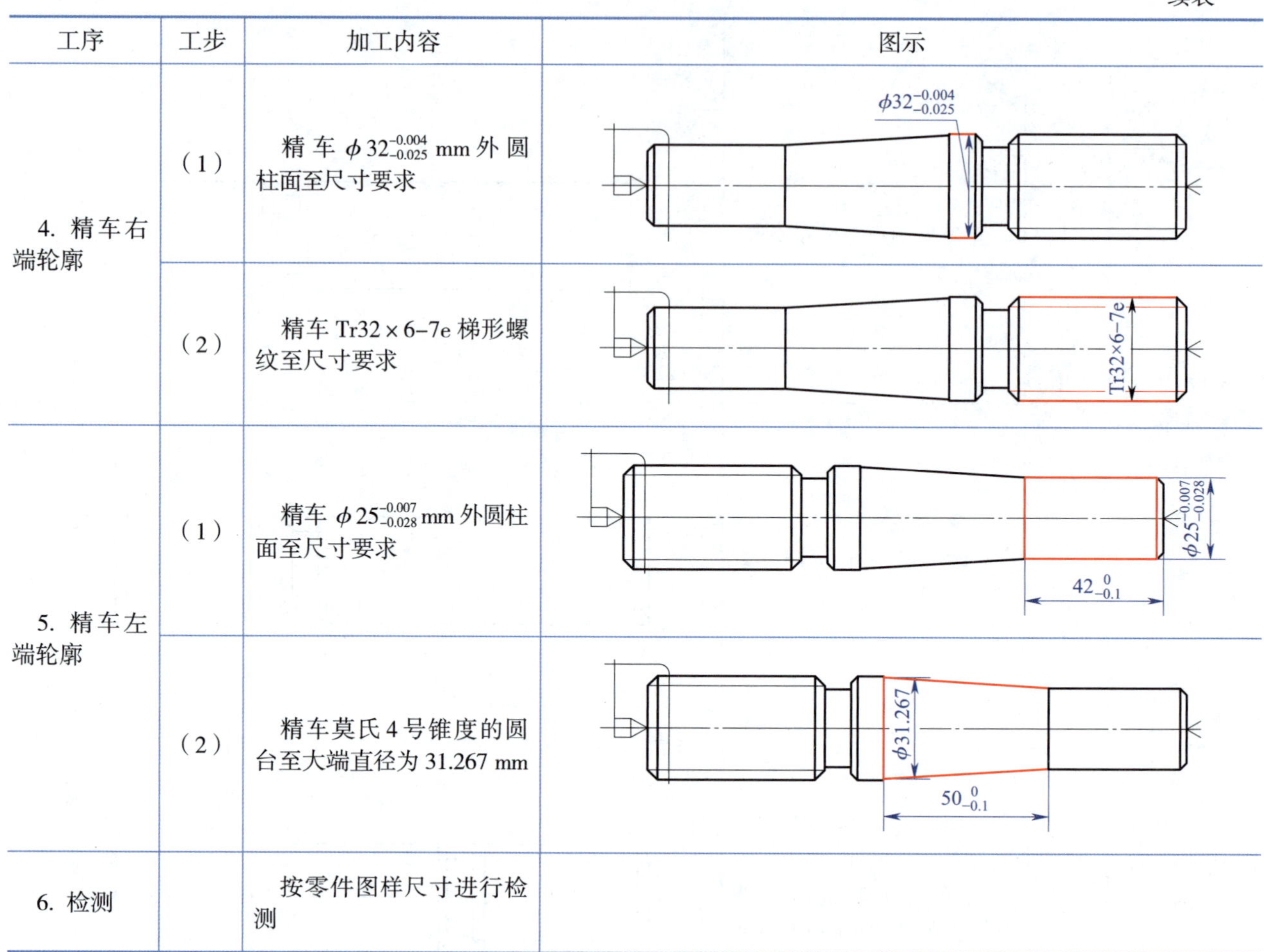

续表

工序	工步	加工内容	图示
4. 精车右端轮廓	（1）	精车 $\phi 32_{-0.025}^{-0.004}$ mm 外圆柱面至尺寸要求	
	（2）	精车 Tr32×6−7e 梯形螺纹至尺寸要求	
5. 精车左端轮廓	（1）	精车 $\phi 25_{-0.028}^{-0.007}$ mm 外圆柱面至尺寸要求	
	（2）	精车莫氏 4 号锥度的圆台至大端直径为 31.267 mm	
6. 检测		按零件图样尺寸进行检测	

三、加工质量检测

表 19−2 为锥度梯形螺纹轴加工质量检测表。

表 19−2　锥度梯形螺纹轴加工质量检测表

序号	考核项目	配分	考核内容及要求	评分标准	检测结果	得分
1	主要尺寸（60 分）	6	梯形螺纹大径：$\phi 32_{-0.375}^{0}$ mm	超差不得分		
2		8	梯形螺纹中径：$\phi 29_{-0.453}^{-0.118}$ mm	超差不得分		
3		6	梯形螺纹牙型角：30°	超差不得分		
4		8	莫氏 4 号锥度的圆台（接触面积≥70%）	超差不得分		
5		6	$\phi 31.267$ mm	超差不得分		
6		6	$50_{-0.1}^{0}$ mm	超差不得分		
7		7	$\phi 25_{-0.028}^{-0.007}$ mm	超差不得分		
8		7	$\phi 32_{-0.025}^{-0.004}$ mm	超差不得分		
9		6	◎ $\phi 0.025$ A	超差不得分		

续表

序号	考核项目	配分	考核内容及要求	评分标准	检测结果	得分
10	次要尺寸（12 分）	6	槽：ϕ24 mm × 8 mm	超差不得分		
11		2	$42_{-0.1}^{0}$ mm	超差不得分		
12		2	62 mm	超差不得分		
13		2	164 mm	超差不得分		
14	表面粗糙度（16 分）	5 × 2	*Ra*1.6 μm（5 处）	降级不得分		
15		6 × 1	*Ra*3.2 μm（6 处）	降级不得分		
16	主观评分（9 分）	3	已加工零件倒角、去毛刺符合图样要求，否则不得分			
17		3	已加工零件无划伤、碰伤和夹伤，否则不得分			
18		3	已加工零件与图样外形一致，否则不得分			
19	更换或添加毛坯（3 分）	3	更换或添加毛坯不得分			
20	职业素养		能正确穿戴工作服、工作鞋、安全帽和防护眼镜等个人防护用品。每违反一项，扣 2 分			
21			能规范使用设备、工具、量具和辅具。每违反操作规范一次，扣 2 分			
22			能做好设备清洁、保养工作。不清洁或不保养，扣 3 分；清洁或保养不彻底，扣 2 分			
总配分		100	总得分			

学习任务 20　锥面配合件普通车床加工

一、工作情境描述

某企业接到一批锥面配合件（图 20–1）零件的加工订单，数量为 50 件，材料为 45 钢，毛坯为 ϕ42 mm × 45 mm 棒料和 ϕ42 mm × 40 mm 棒料，工期为 5 天，来料加工。现生产部门安排车工组完成此零件的车削加工。

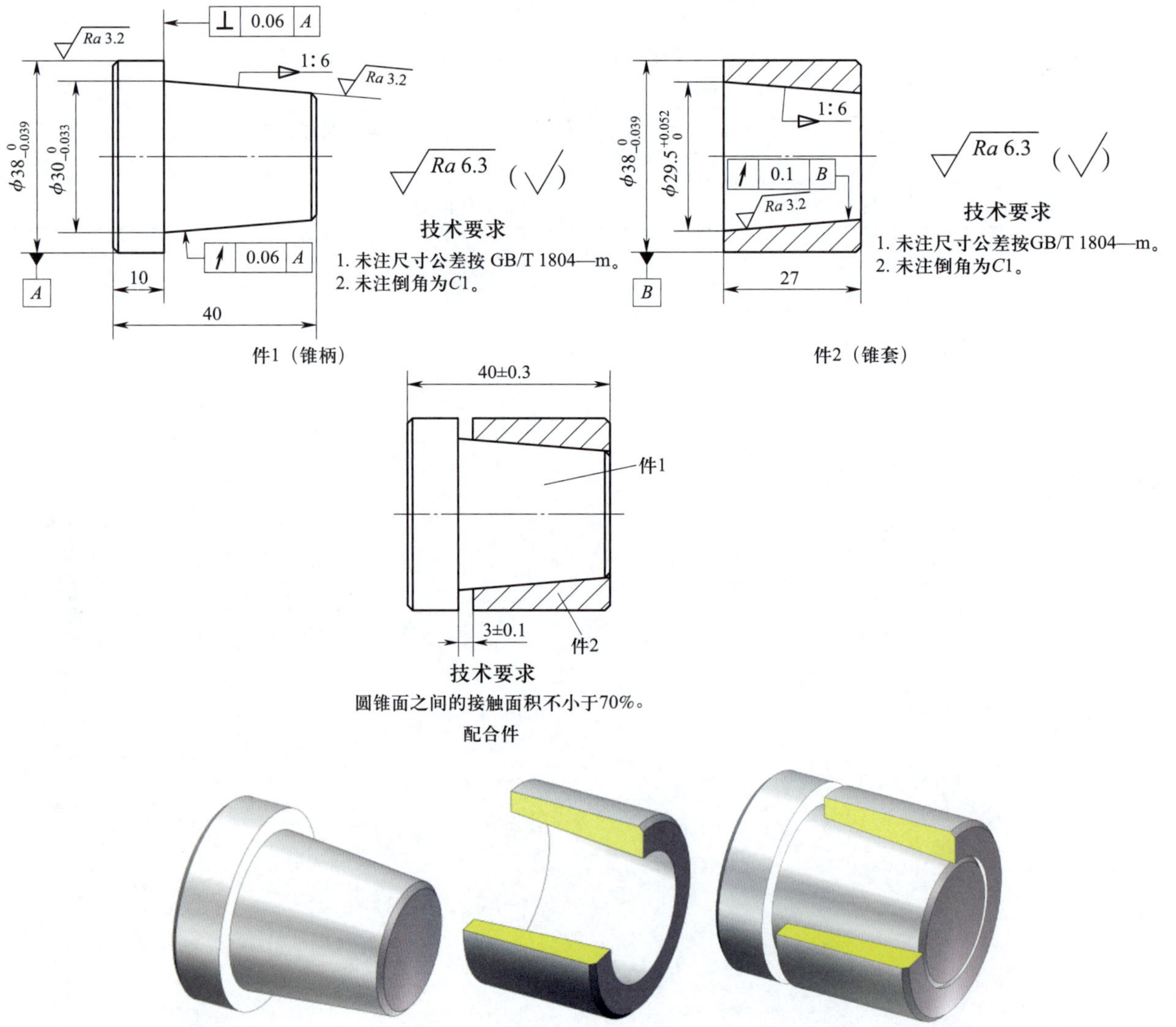

Ra 6.3 (√)

技术要求

1. 未注尺寸公差按 GB/T 1804—m。
2. 未注倒角为C1。

件1（锥柄）

Ra 6.3 (√)

技术要求

1. 未注尺寸公差按GB/T 1804—m。
2. 未注倒角为C1。

件2（锥套）

技术要求

圆锥面之间的接触面积不小于70%。

配合件

图 20–1　锥面配合件

二、加工工艺过程

1. 锥柄普通车床加工工艺过程

锥柄普通车床加工工艺过程见表 20–1。

表 20–1　锥柄普通车床加工工艺过程

工序	工步	加工内容	图示
1. 车左端轮廓	(1)	车左端面，车平即可	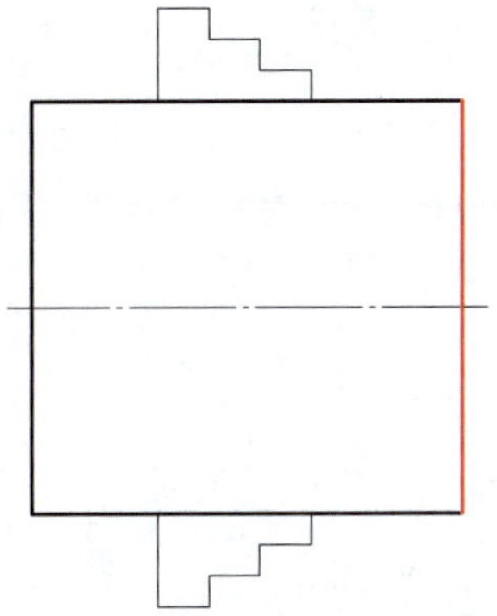
	(2)	粗车 $\phi 38_{-0.039}^{0}$ mm 外圆柱面至 ϕ 38.5 mm × 11 mm	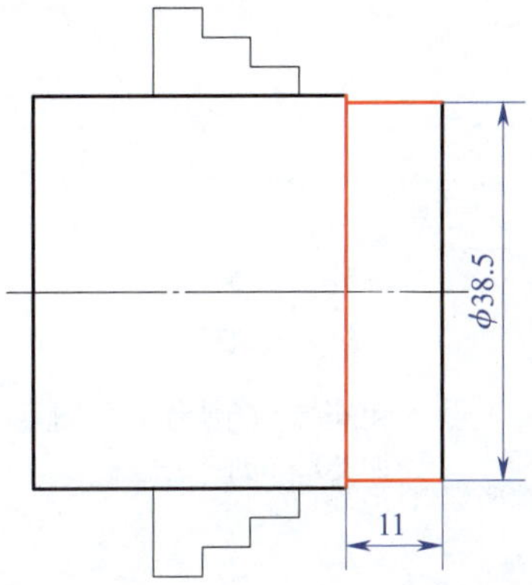 ϕ38.5 11
	(3)	精车 $\phi 38_{-0.039}^{0}$ mm 外圆柱面至尺寸要求	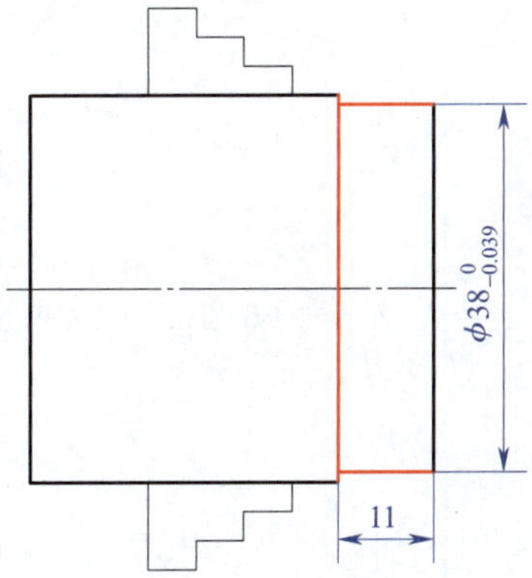 $\phi 38_{-0.039}^{0}$ 11

续表

工序	工步	加工内容	图示
1. 车左端轮廓	（4）	车 $C1$ mm 倒角	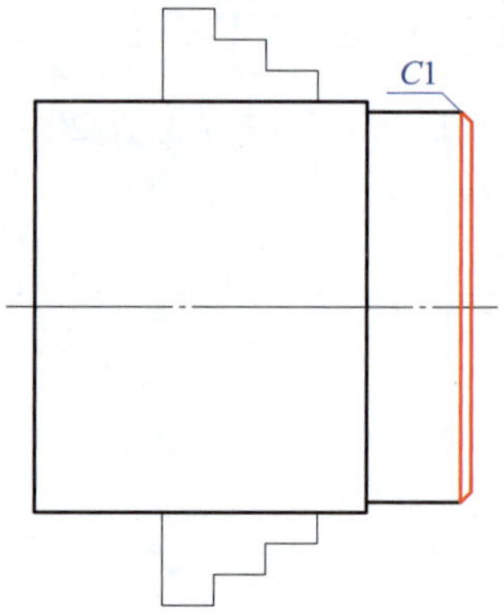 C1
2. 车右端轮廓	（1）	车右端面，控制总长 40 mm	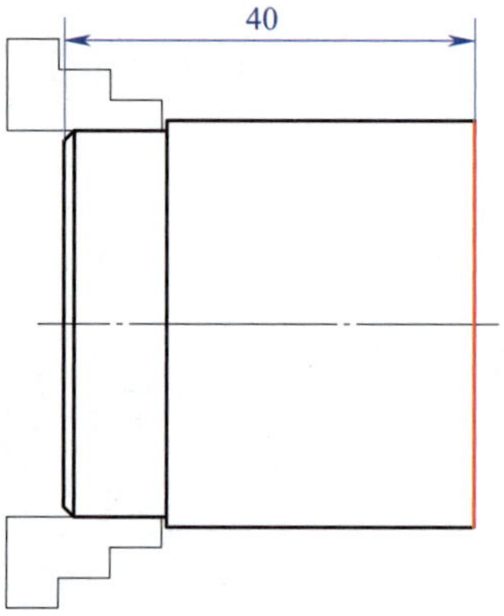 40
	（2）	粗车 1∶6 圆台，大端直径为 30.5 mm	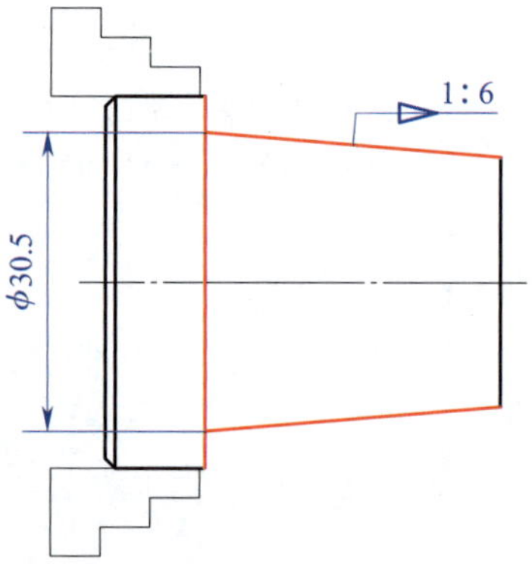 1∶6 $\phi30.5$
	（3）	精车 1∶6 圆台至尺寸要求	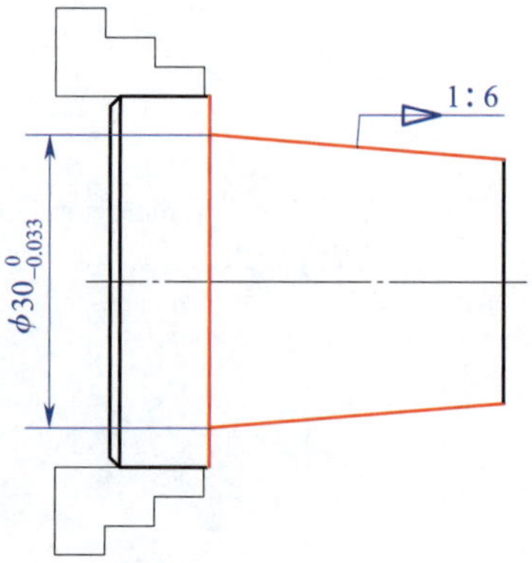 1∶6 $\phi30^{\ 0}_{-0.033}$

续表

工序	工步	加工内容	图示
2. 车右端轮廓	（4）	车 $C1$ mm 倒角	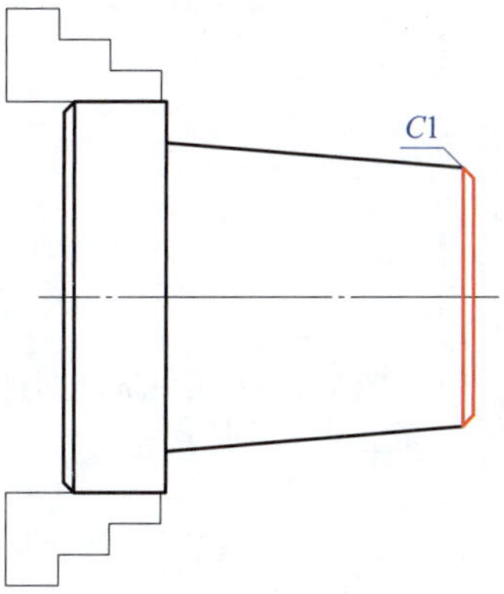 C1
3. 检测		按零件图样尺寸进行检测	

2. 锥套普通车床加工工艺过程

锥套普通车床加工工艺过程见表 20-2。

表 20-2　　锥套普通车床加工工艺过程

工序	工步	加工内容	图示
1. 车左端轮廓	（1）	车端面，车平即可	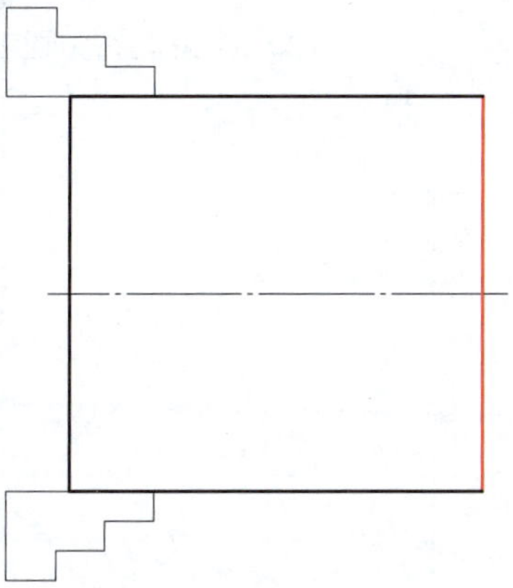
	（2）	粗车 $\phi 38_{-0.039}^{\ 0}$ mm 外圆柱面至 $\phi 38.5$ mm × 32 mm	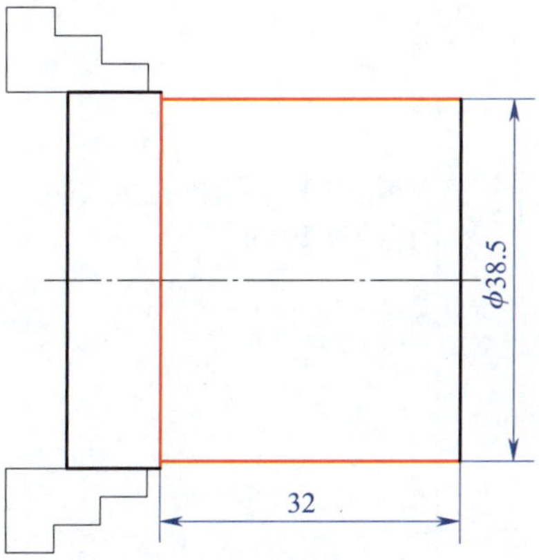 $\phi 38.5$ 32

续表

工序	工步	加工内容	图示
1. 车左端轮廓	（3）	精车 $\phi 38_{-0.039}^{\ 0}$ mm 外圆柱面至尺寸要求	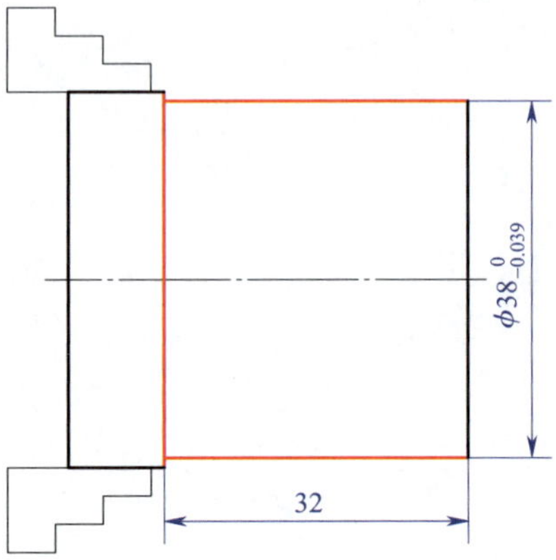 $\phi 38_{-0.039}^{\ 0}$ 32
	（4）	用 $\phi 20$ mm 麻花钻钻通孔	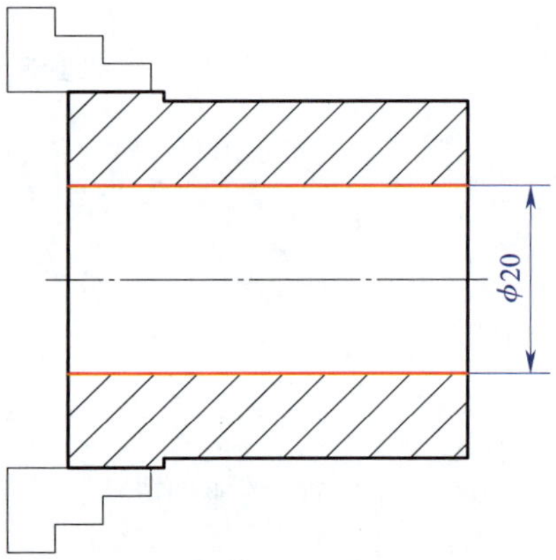 $\phi 20$
	（5）	粗车 1∶6 内锥孔至大端直径为 29 mm	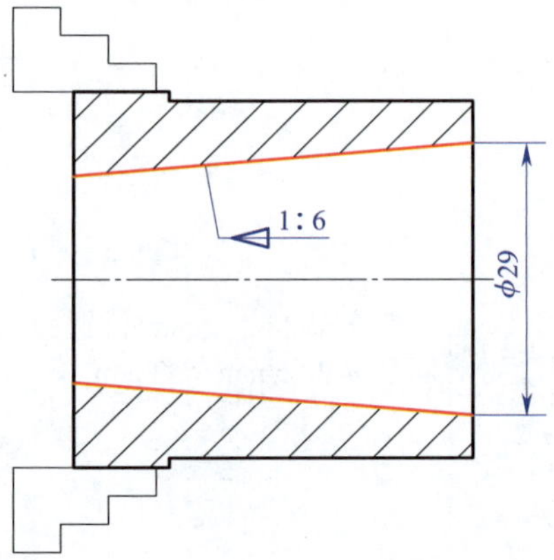 1∶6 $\phi 29$

续表

工序	工步	加工内容	图示
1. 车左端轮廓	（6）	精车 1∶6 内锥孔至尺寸要求	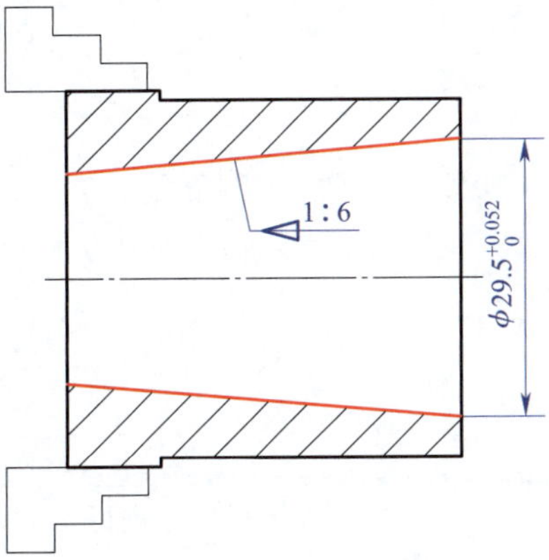 1∶6 $\phi29.5^{+0.052}_{0}$
	（7）	用 4 mm 宽切槽刀进行切断，保证工件总长为 28 mm	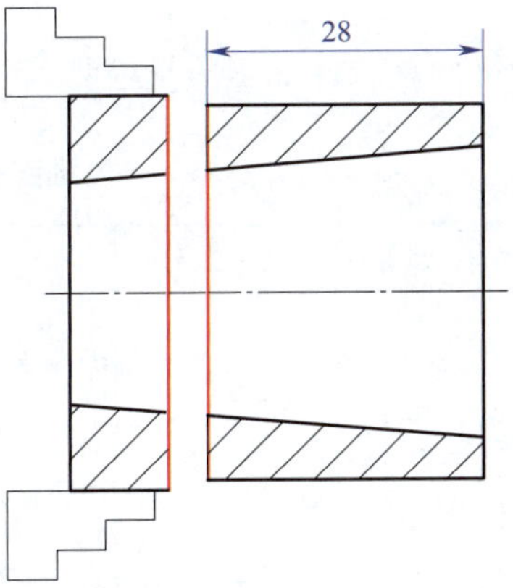 28
2. 车右端面及倒角	（1）	车右端面，保证工件总长为 27 mm	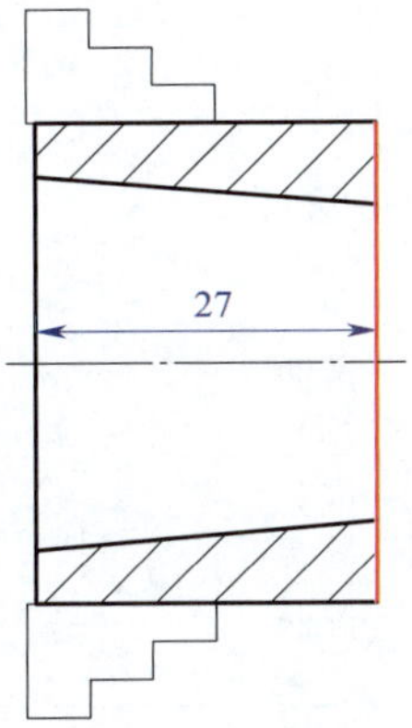 27

续表

工序	工步	加工内容	图示
2. 车右端面及倒角	（2）	车 $C1$ mm 倒角	C1
3. 检测		按零件图样尺寸进行检测	

三、加工质量检测

表 20–3 为锥面配合件加工质量检测表。

表 20–3 锥面配合件加工质量检测表

序号	考核项目		配分	考核内容及要求	评分标准	检测结果	得分
1	主要尺寸（67 分）	锥柄	4	$\phi 38_{-0.039}^{0}$ mm	超差不得分		
2			4	$\phi 30_{-0.033}^{0}$ mm	超差不得分		
3			6	锥度 1∶6	超差不得分		
4			6	⊥ 0.06 A	超差不得分		
5			6	↗ 0.06 A	超差不得分		
6		锥套	4	$\phi 38_{-0.039}^{0}$ mm	超差不得分		
7			5	$\phi 29.5_{0}^{+0.052}$ mm	超差不得分		
8			6	锥度 1∶6	超差不得分		
9			6	↗ 0.1 B	超差不得分		
10		配合件	10	（40 ± 0.3）mm	超差不得分		
11			10	（3 ± 0.1）mm	超差不得分		
12	次要尺寸（9 分）	锥柄	3	10 mm	超差不得分		
13			3	40 mm	超差不得分		
14		锥套	3	27 mm	超差不得分		
15	表面粗糙度（12 分）	锥柄	2 × 2	$Ra3.2$ μm（2 处）	降级不得分		
16			3 × 1	$Ra6.3$ μm（3 处）	降级不得分		
17		锥套	2	$Ra3.2$ μm	降级不得分		
18			3 × 1	$Ra6.3$ μm（3 处）	降级不得分		

续表

序号	考核项目	配分	考核内容及要求	评分标准	检测结果	得分
19	主观评分（9 分）	3	已加工零件倒角、去毛刺符合图样要求，否则不得分			
20		3	已加工零件无划伤、碰伤和夹伤，否则不得分			
21		3	已加工零件与图样外形一致，否则不得分			
22	更换或添加毛坯（3 分）	3	更换或添加毛坯不得分			
23	职业素养		能正确穿戴工作服、工作鞋、安全帽和防护眼镜等个人防护用品。每违反一项，扣 2 分			
24			能规范使用设备、工具、量具和辅具。每违反操作规范一次，扣 2 分			
25			能做好设备清洁、保养工作。不清洁或不保养，扣 3 分；清洁或保养不彻底，扣 2 分			
总配分		100	总得分			

附　录

附表 1

学习任务分析表

序号	工作内容分析							学习内容分析	
	工作步骤	工作内容	工作成果	工作要求	工作方法	工具、材料、设备	劳动组织形式	理论和实践知识	职业素养

附表 2

教学活动策划表

学习任务名称						学时		
序号	学习环节与学时	学习目标	学习步骤	学习内容	学生活动	教师活动	学习成果	学习资源

附表 3

学生自我评价表

班级：________ 姓名：________ 学号：________

评价项目	评价内容	评分标准			得分
		偶尔	经常	完全	
知识与技能	能独立获取任务信息，明确工作任务内容与要求，制订工作计划	0 ~ 2	3 ~ 4	5 ~ 7	
	能认真听讲，根据任务要求合理编制加工工艺	0 ~ 2	3 ~ 4	5 ~ 7	
	能主动参与角色分工、扮演，尽心尽责全程参与工作任务	0 ~ 2	3 ~ 4	5 ~ 7	
	观看微课、课件和教师示范操作，能进行刀具、工件的正确装夹	0 ~ 2	3 ~ 4	5 ~ 7	
	能规范、有序地进行零件的加工	0 ~ 4	5 ~ 7	8 ~ 10	
	能通过小组协作，选用合适量具对零件进行检测	0 ~ 2	3 ~ 4	5 ~ 7	
职业素养	能按时出勤，实习着装规范。遵守课堂学习纪律，不做与学习任务无关的事情	0 ~ 2	3 ~ 4	5 ~ 7	
	生产操作中，能善于发现并勇于指出操作员的不规范操作	0 ~ 2	3 ~ 4	5 ~ 7	
	能主动分析、思考问题，积极发表对问题的看法，提出建议，解决问题	0 ~ 4	5 ~ 7	8 ~ 10	
	能主动参与并服从团队安排，互助协作，分享并倾听意见，反思总结，完善自我	0 ~ 2	3 ~ 4	5 ~ 7	
	能保持认真细致、精益求精的工作态度	0 ~ 4	5 ~ 7	8 ~ 10	
	能积极参与汇报工作（汇报人需表述清晰、专业术语准确，非汇报人协助整合汇报资料和方案）	0 ~ 2	3 ~ 4	5 ~ 7	
	遵守实训车间环境卫生要求	0 ~ 2	3 ~ 4	5 ~ 7	
任务总体表现（总评分）					

附表 4　　组内工作过程互评表

学习任务名称	班级	姓名	学号

序号	评价内容	评分标准			得分
		偶尔	经常	完全	
1	能主动完成教师布置的任务和作业	0 ~ 4	5 ~ 7	8 ~ 10	
2	能认真听教师讲课和同学发言	0 ~ 4	5 ~ 7	8 ~ 10	
3	能积极参与讨论，与他人良好合作	0 ~ 4	5 ~ 7	8 ~ 10	
4	能独立查阅资料、观看微课，形成意见文本	0 ~ 4	5 ~ 7	8 ~ 10	
5	能积极地就疑难问题向同学和教师请教	0 ~ 4	5 ~ 7	8 ~ 10	
6	能积极参与小组合作，并指出同学在操作中的不规范行为	0 ~ 4	5 ~ 7	8 ~ 10	
7	能规范操作普通车床进行零件加工	0 ~ 4	5 ~ 7	8 ~ 10	
8	能正确检测零件，保证零件质量	0 ~ 4	5 ~ 7	8 ~ 10	
9	能按车间管理要求，规范摆放工具、量具、刃具，整理及清扫现场	0 ~ 4	5 ~ 7	8 ~ 10	
10	能认真总结和反思零件加工任务实施中出现的问题	0 ~ 4	5 ~ 7	8 ~ 10	
任务总体表现（总评分）					

附表 5　　组间展示互评表

学习任务名称	班级	组名	汇报人

序号	评价内容	评分标准			得分
		否	部分	是	
1	展示的零件是否符合技术标准	0 ~ 4	5 ~ 7	8 ~ 10	
2	小组介绍成果的表达是否清晰	0 ~ 4	5 ~ 7	8 ~ 10	
3	小组介绍的加工方法是否正确	0 ~ 4	5 ~ 7	8 ~ 10	
4	小组汇报成果的语言逻辑是否正确	0 ~ 4	5 ~ 7	8 ~ 10	
5	小组汇报成果的专业术语表达是否正确	0 ~ 4	5 ~ 7	8 ~ 10	
6	小组组员和汇报人解答其他组的提问是否正确	0 ~ 4	5 ~ 7	8 ~ 10	
7	汇报或模拟加工过程的操作是否规范	0 ~ 4	5 ~ 7	8 ~ 10	
8	小组的检测量具、量仪是否保养完好	0 ~ 4	5 ~ 7	8 ~ 10	
9	小组成员是否有团队合作精神	0 ~ 4	5 ~ 7	8 ~ 10	
10	小组汇报展示的方式是否新颖（利用多媒体等手段）	0 ~ 4	5 ~ 7	8 ~ 10	
任务总体表现（总评分）					
小组汇报中存在的问题和建议					

附表 6 **教师评价表**

评价项目	评价内容	评分标准			得分
		偶尔	经常	完全	
承担职责	能主动参与角色分工、扮演，尽心尽责地全程参与工作任务	0 ~ 4	5 ~ 7	8 ~ 10	
服从管理	能时刻服从组长和教师的工作安排，积极完成工作	0 ~ 4	5 ~ 7	8 ~ 10	
独立思考	能独立发现问题、思考问题，积极发表对问题的看法，提出建议，解决问题	0 ~ 4	5 ~ 7	8 ~ 10	
团结互助	能主动交流、协作，完成零件的加工工艺制定	0 ~ 4	5 ~ 7	8 ~ 10	
规范意识	能按照车间操作规范进行操作，遵守使用要求，正确开关设备，维持场地环境整洁	0 ~ 4	5 ~ 7	8 ~ 10	
严谨踏实	能认真、细致地按照加工工艺完成零件加工	0 ~ 4	5 ~ 7	8 ~ 10	
勇于表达	能在加工操作中善于发现并指出操作员的不规范操作，并积极参与汇报	0 ~ 4	5 ~ 7	8 ~ 10	
质量意识	能对零件质量精益求精，达到最好的加工结果	0 ~ 4	5 ~ 7	8 ~ 10	
反思总结	能反思、总结影响零件质量的因素	0 ~ 4	5 ~ 7	8 ~ 10	
自律自控	能控制自己，积极协作，全程参与工作过程	0 ~ 4	5 ~ 7	8 ~ 10	
总体意见					
任务总体表现（总评分）